煤层自然发火
预测预报及防治技术

郭立稳　王福生　武建国　康志强　著

北　京
冶　金　工　业　出　版　社
2012

内 容 简 介

本书在分析煤层自然发火基本概念和理论的基础上，研究了煤层自燃倾向性的鉴定方法、煤层自然发火危险程度的综合评价、煤层自然发火预测预报指标气体分析方法；建立了煤层自然发火预测预报系统、开发了煤自然发火预测预报模糊系统；最后介绍了煤层自然发火的防治技术。

本书主要供矿山企业的工程技术人员及管理干部使用，也可作为科研院所科研人员、矿业类专业大学本科生及研究生参考用书。

图书在版编目(CIP)数据

煤层自然发火预测预报及防治技术/郭立稳等著.
—北京：冶金工业出版社，2012.6
ISBN 978-7-5024-5971-0

Ⅰ.①煤…　Ⅱ.①郭…　Ⅲ.①煤层—内因火灾—预测　②煤层—内因火灾—预报　③煤层—内因火灾—矿山防火　Ⅳ.①TD75

中国版本图书馆 CIP 数据核字(2012)第 134435 号

出 版 人　曹胜利
地　　址　北京北河沿大街嵩祝院北巷 39 号，邮编 100009
电　　话　(010)64027926　电子信箱　yjcbs@cnmip.com.cn
责任编辑　李　雪　李培禄　美术编辑　李　新　版式设计　孙跃红
责任校对　禹　蕊　责任印制　张祺鑫
ISBN 978-7-5024-5971-0
北京百善印刷厂印刷；冶金工业出版社出版发行；各地新华书店经销
2012 年 6 月第 1 版，2012 年 6 月第 1 次印刷
148mm×210mm；6.25 印张；215 千字；191 页
29.00 元

冶金工业出版社投稿电话：(010)64027932　投稿信箱：tougao@cnmip.com.cn
冶金工业出版社发行部　电话：(010)64044283　传真：(010)64027893
冶金书店　地址：北京东四西大街 46 号(100010)　电话：(010)65289081(兼传真)
(本书如有印装质量问题，本社发行部负责退换)

前　言

据统计，在我国开采的煤矿中，存在自然发火危险的矿井占总矿井的50%左右，自然发火煤层占累计可采煤层数的60%，且自燃火灾发生的次数占矿井火灾总数的94%以上。尤其是近年来，重大火灾事故时有发生，给煤炭企业带来难以估量的负面影响，特别是有损于煤炭行业的社会形象，也严重制约着煤炭企业的健康发展。因此，火灾防治工作仍然是企业领导的一项常抓不懈、重要而艰巨的任务。

煤矿井下的煤层自燃产生的火焰和高温不仅直接对人身和设备造成危害，还可能引起瓦斯、煤尘爆炸，使灾害进一步加剧和扩大，导致生产设备、生产环境和煤炭资源的严重破坏，直接威胁井下工人的生命安全；煤层自然发火还会造成大量煤炭资源无法开采，降低煤炭开采率。而且随着开采深度的不断增加，煤的自然发火期逐渐缩短，开采时间不断增加，使煤柱、采空区遗煤的氧化程度不断加深，更缩短了煤的自然发火期。因此，研究煤层自然发火的预测预报及防治技术，可及时准确地发出火灾早期预报，采取防灭火措施，防止火灾事故的发生。

近年来，作者针对矿井火灾的预防技术展开了深入研究，完成了“开滦矿区自然发火规律研究”项目，并获得了国家安全生产监督管理局科技进步二等奖。本书是在此研究成果的基础上增加了部分内容而形成的。

本书得以出版，是与河北联合大学矿业工程学院、开滦集团有限责任公司的大力支持分不开的，在此表示衷心的感谢。

本书在完成过程中，由于时间原因及作者水平有限，书中不妥之处在所难免，敬请同行专家和广大读者提出宝贵意见。

作 者
2012 年 3 月

目　　录

1 绪　　论

能源是经济发展、社会进步的主要支撑条件。在世界一次能源消费中，化石能源（煤炭、石油、天然气）占 90% 以上。而在世界化石能源探明可采储量中，煤炭约占 2/3，石油、天然气分别占 1/6。众所周知，我国是世界上少数几个以煤炭为主要能源的国家之一。煤炭是我国的第一能源，也是重要的工业原料。目前，全国约有 75% 的工业原料，76% 的电能，80% 的民用商品以及 60% 的化工原料依靠煤炭。有关专家认为，到 2050 年化石能源仍是我国的主要能源，其中煤炭至少要占到 50% 。因此，煤炭工业是支持我国经济发展和保障人民生活的基础产业。

伴随着煤炭产量的不断增加，可采范围的不断缩小，许多安全问题也随之产生。粉尘、瓦斯、火灾、噪声、高温正在困扰着企业的正常发展。

矿井火灾是煤矿的重大自然灾害之一。矿井火灾不仅能使矿井遭受巨大的物质损失，同时它也是导致井下职工伤亡的主要原因之一。矿井火灾根据引火的热源不同分为外因火灾和内因火灾（也称自燃火灾）。外因火灾一般发生突然、来势迅猛，如果不能及时发现和控制，往往会酿成重大事故。与外因火灾相比，内因火灾的发生，往往伴有一个孕育的过程，根据预兆能够早期予以发现。但是内因火灾火源比较隐蔽，经常发生在难以进入的采空区或煤柱内，要想准确找到火源并非易事，因此难以扑灭，以至火灾可以持续数月、数年甚至几十年至上百年之久，长期威胁着矿井的安全生产。有时燃烧的范围逐渐蔓延扩大，烧毁大量煤炭，冻结大量资源，使自然资源白白地浪费掉。如山西大同煤田露头煤的燃烧已持续 300 多年，至今尚未完全熄灭。

开滦（集团）有限责任公司始建于 1878 年，已有 100 多年的开采历史。开滦矿区包括开平煤田和蓟玉煤田的一部分（林南仓），煤系地层为石炭二叠系，距今大约已有2亿~3亿年，井田总面积约870平方公里。煤系地层主要由砂岩、粉砂岩、黏土岩等组成，含可采煤层10个，平均总厚度约15m，含煤系数5.43%~10.22%，煤层倾角大部分为缓倾斜，部分为倾斜，局部地区急倾斜或倒转。开滦矿区矿井均采用竖井或斜井、集中大巷、阶段石门的开拓方式，采区布置以石门或集中上山为主，采煤方法多种多样，以走向长壁采煤法（其中有综采、综放、轻放、高挡、炮采）为主，另有伪斜柔性掩护支架、水力采煤等，局部急倾斜区还有较落后的高落式采煤方法（马家沟矿）。矿区平均开采深度为700m，最深开采深度1056m（赵各庄矿）。矿区地质条件复杂，井深巷远，开采条件困难，采煤方法多样，所辖各矿均有自然发火情况，而且自然发火越来越严重，发火期最短有的矿仅有十五天，严重地影响着矿工生命安全和矿井的安全生产，因此对煤的自燃倾向性进行系统鉴定、寻找不同煤层预测自然发火比较敏感的指标气体、探求煤炭自然发火规律、制定适合本地的防灭火措施是非常必要的。该项工作的开展不仅具有现实意义，而且具有重大的社会意义。

1.1 煤炭自然发火基本概念和理论概述

1.1.1 煤炭自然发火机理

煤炭能够自然发火是煤所具有的共性之一，只是不同的煤种具有不同的呈现，不同的条件具有不同的反应。煤炭的自然发火是一个极为复杂的物理化学变化过程。不少学者对此问题都进行了不懈的努力和探索，提出了各种假说，如黄铁矿作用学说、细菌作用学说、酚基作用学说、煤氧复合学说等。但是，通过实践与实验有的被否定，有的还不能圆满地解释煤炭自燃中所有现象。

早在20世纪前半时期Dr. Plot提出了黄铁矿作用学说。他认为煤的自燃是由于煤层中的黄铁矿（FeS_2）与空气中的水分和氧相互作用，发生热反应引起的。其反应式为：

$$2FeS_2+2H_2O+7O_2 = 2FeSO_4+2H_2SO_4+Q_1$$

而硫酸亚铁在潮湿的环境中可能被氧化成硫酸铁：

$$12FeSO_4 + 6H_2O + 3O_2 = 4Fe_2(SO_4)_3 + 4Fe(OH)_3 + Q_2$$

硫酸铁在潮湿的环境中作为氧化剂又和黄铁矿反应：

$$FeS_2 + Fe_2(SO_4)_3 + 3O_2 + 2H_2O = 3FeSO_4 + 2H_2SO_4 + Q_3$$

以上的反应都是放热反应，再者，黄铁矿在潮湿的环境中被氧化成SO_2、CO_2、CO、H_2S气体时，也都是放热反应。但其反对者也列举了不含硫的煤也发生自燃的实例。20 世纪 50 年代波兰学者 W. Olpinsk 对波兰烟煤的考察表明：只有当煤中硫铁矿含量较高时（大于 1.5%），才具有自燃倾向性。Muck 认为，属于斜方晶系的硫化铁变态——白铁矿在煤的自燃过程中起着主导作用。但后来发现许多完全不含黄铁矿的煤层也发生了自燃，所以实践否定了这一学说的可信性。

1927 年英国人 M. C. Potter 提出了煤自燃的细菌作用学说。他认为在细菌的作用下，煤在发酵过程中放出一定热量对煤的自燃起了决定性的作用。为了考察细菌作用学说的可信性，有的学者曾将具有强自燃性的煤炭置于温度为 100℃ 的真空环境里长达 20h，任何细菌都已死亡，然而煤的自燃倾向性并未减弱。因此可见，在煤的自燃过程中，细菌并没有起着决定性的作用。

前苏联的 B. B. Троив 于 1940 年提出酚基作用学说。他认为煤的自燃是由于煤体内不饱和的酚基化合物强烈吸附空气中的氧，同时放出一定量的热量造成的。该学说的建立是基于对各种煤体中的有机物进行实验后，发现酚基类是最易氧化的。不仅在纯氧中可以氧化，而且与其他氧化剂接触时也可以发生作用。

以上各种学说的建立都是基于某一特定条件下而得出的结论，均有其局限性，目前绝大多数学者都赞同的一种学说为煤氧复合作用学说。煤氧复合作用学说认为煤的自燃是氧化过程自身加速的最后阶段，并非任何一种煤的氧化都能导致自燃，只有在稳定的条件下，在低温、绝热条件下，氧化过程的自身加速才能导致自燃。低温氧化过程的持续发展使反应过程的自身加速作用增大，最后如果生成的热量不能及时放散，就会引起自热阶段的开始。因此，煤发生自燃的必要条件是：

（1）易于低温氧化的粉煤或碎煤的堆积；

（2）存在着适宜的通风供氧条件；

（3）存在着蓄热的环境条件。

1.1.2 煤的氧化自燃过程

煤炭自然发火的原因，目前比较普遍的看法是煤氧复合作用学说，即煤在常温下吸收了空气中的氧气，产生低温氧化，释放微量的热量和初级氧化产物；由于散热不良，热量聚积，温度上升，促进了低温氧化作用的进程，最终导致自然发火。其过程如图1-1所示。煤炭自燃一般要经过3个时期：潜伏期、自热期和燃烧期。各阶段的特征如下：

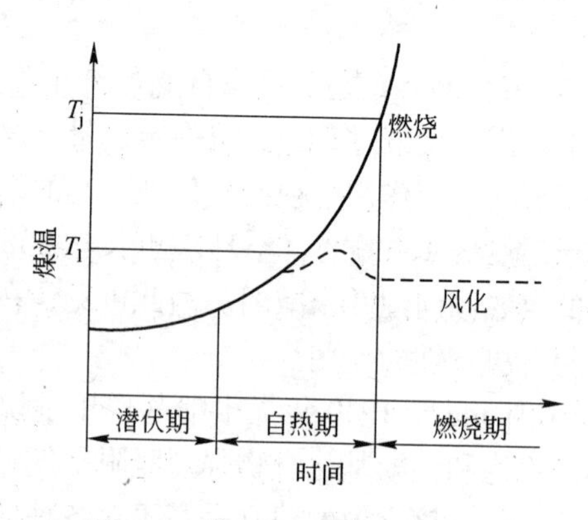

图1-1 煤自燃发展过程示意图

具有自燃倾向性的煤与空气接触时，吸附空气中的氧（O_2）而生成不稳定的氧化物羟基（OH）与羧基（COOH）。此时氧化放热量很少，观测不到煤体温度的变化，也看不到其周围环境温度上升。煤的氧化进程平稳而缓慢，但是煤的重量略有增加，着火点温度降低，化学活泼性增强，这个阶段通常称之为煤的自燃准备期，又称潜伏期。潜伏期长短取决于煤的变质程度和外部条件。经过潜伏期之后，煤的氧化速度增加，不稳定的氧化物分解成为水（H_2O）、二氧化碳（CO_2）、一氧化碳（CO）。氧化产生的热量使煤温继续升高，超过自燃的临界温度（60～80℃），煤温上升急剧加速，氧化进程加快开始出现煤的干馏，生成芳香族的碳氢化合物（C_xH_y）、氢气（H_2）、一氧化碳（CO）等可燃性气体，这就是煤的自热期。进入自热期后，如果煤温继续上升达到着火温度，就会导致煤的自燃，进入燃烧期。如果在煤温上升到临界温度以前，改变了供氧和散热条件，煤温会很快地降下来，这样便进入了风化状态，如图1-1中虚线所示。

从煤的自燃发展过程可见：煤的自燃实质上就是自身氧化加速的过程，其氧化速度之快，以致产生的热量来不及向外界放散，从而导致了自燃。所以，在煤的氧化急剧加速之前，做出准确的预测预报，及时采取措施，就能避免煤的自燃。

1.1.3　煤的自然发火期

煤炭自然发火是一渐变过程，要经过潜伏期、自热期和燃烧期三个阶段，因此，具有自燃倾向性的煤层被揭露后，要经过一定的时间才会自然发火。这一时间间隔叫做煤层的自然发火期，是煤层自燃危险在时间上的量度。自然发火期愈短的煤层，其自然危险性愈大。

从理论上讲，煤层的自然发火期定义为：从发火地点的煤层被揭露（或与空气接触）之日起，至出现《矿井防灭火规范》中定义的有关现象之一，或温度上升到自燃点为止，所经历的时间叫煤层的自然发火期，以月或天为单位。煤层最短自然发火期是指在最有利于煤自热发展的条件下，煤炭自燃需要经过的时间。

1.1.4　影响煤炭自然发火的因素

煤炭自然发火是一个复杂的物理化学过程，影响煤炭自然发火的因素较多，概括起来主要有如下几个方面：

(1) 煤的自燃倾向性。煤的自燃倾向性是煤自燃的固有特性，是煤炭自燃的内在因素，属于煤的自燃属性。《煤矿安全规程》规定煤的自燃倾向性分为三类：Ⅰ类为容易自燃，Ⅱ类为自燃，Ⅲ类为不易自燃。新建矿井的所有煤层的自燃倾向性由地质勘探部门提供煤样和资料，送国家授权的相关单位做出鉴定。生产矿井延深新水平时，也必须对所有煤层的自燃倾向性进行鉴定。其目的是使防止煤层自燃的技术措施在煤层最短自然发火期内完成，防止煤炭自燃。

煤的自燃倾向性主要取决于煤的变质程度、煤的孔隙率和脆性、煤岩成分、煤的水分、煤中硫和其他矿物质、煤中的瓦斯含量。

（2）煤层的赋存地质条件。其中包括：

1）煤层厚度与倾角。一般说来，煤层越厚，倾角越大，回采时会遗留大量浮煤和残煤；同时，煤层越厚，回采推进速度越慢，采区回采时间往往超过煤层的自然发火期，而且不易封闭隔绝采空区，容易发生自燃火灾。据统计，80%的自燃火灾是发生在厚煤层的开采中。

2）地质构造。断层、褶曲、破碎带及岩浆侵入区等地质构造地带，煤层松软易碎、裂隙多，吸氧性强，也容易发生自燃火灾。

3）煤层埋藏深度。煤层埋藏深度越大，煤体的原始温度越高，煤中所含水分则较少，自燃危险性较大；但开采深度过小时又容易形成与地表裂隙的沟通，也会在采空区中形成浮煤自燃。

4）围岩的性质。煤层围岩的性质对煤炭自然发火也有很大影响。如围岩坚硬、矿压显现大，容易压碎煤体，形成裂隙，而且坚硬的顶板冒落难以压实充填采空区；同时，冒落后有时会连通其他采区，甚至形成连通地面的裂隙；这些裂隙及难以压实充填的采空区使漏风无法杜绝，为煤炭自然发火提供了充分的条件。

（3）开拓系统。开采有自然发火危险的煤层时，开拓系统布置十分重要。有的矿井由于设计不周，管理不善，造成矿井巷道系统十分复杂，通风阻力很大，而且主要巷道又都开掘在煤层中，切割煤体严重，裂隙多、漏风大，因而造成煤层自然发火频繁。而有的矿井，设计合理，管理科学，使矿井的通风系统简单适用，在多煤层（或分层）开采时，采用联合布置巷道，将集中巷道（运输、回风、上山、下山等）开掘在岩石中，同时减少联络巷数目，取消采区集中上山煤柱等，对防止煤炭自然发火起到了积极作用。

（4）采煤方法。采煤方法对自然发火的影响主要有回采时间的长短、采出率的高低、采空区的漏风状况以及近距离煤层同时开采时错距和相错时间等。合理的采煤方法应该是巷道布置简单、保证煤层切割与留设煤柱少、煤炭回收率高、工作面推进速度快、采空区漏风少。这样可使煤炭自燃的条件难以得到满足，降低自然发火的可能性。

(5) 漏风条件。只有向采空区不断地供氧，才能促使煤炭氧化自燃，即采空区漏风是煤炭自燃的必要条件。但是，当漏风风流过大时，氧化生成的热量可被风流带走，不会发展成为自燃火灾，所以，必须既有风流通过且风速又不太大时，煤炭才会自然发火。采空区中、压碎的煤柱以及煤巷冒顶和垮帮等地点，往往具备这样的条件，因此这些地点容易发生自燃火灾。

1.2 国内外研究现状

1.2.1 煤自燃倾向性研究现状

煤由常温发展到自燃是有它的内因和外因的。首先，煤具有自燃倾向性。据研究，煤的自燃倾向性主要取决于煤在常温下的氧化能力和物理特性。所以在外部条件相同时，有的煤能自燃，有的则不能。但是有同样自燃倾向性的煤层，在不同的生产技术条件下，有的发生自燃，有的则没有发生，这是由于外部条件所致。影响煤自燃倾向性的因素包括煤的碳化程度、煤的水分、煤岩成分、煤的含硫量等。基于以上各种因素，各国学者进行了各种试验研究，创建了不同的判断煤自燃倾向性的方法。但是多数还是以煤的氧化性为基础的方法，原则上可以分为两类：一是以确定煤炭低温时的氧化性为基础的方法，二是以确定煤炭高温时的氧化性为基础的方法。南非的基姆将现代的鉴定方法分为四种：着火温度法、绝热测热法、恒温测热法和吸氧量法。

着火温度法的实质是利用煤炭经过氧化后（空气或其他氧化剂），其着火温度（着火点）相对降低的原理进行分类的。绝热测热法利用在量热器中，煤和氧气接触，量热器的温度会随煤的氧化和温度升高而增加的原理制成的。恒温测热法因为没有考虑温度增加引起的自身放大效应，存在难以维持真正恒温条件的突出缺点，而没有被广泛应用于实验研究。吸氧量法是基于自燃是一个放热过程，氧化量热量保持不变，因此对吸氧气的测定可以作为煤炭反应性和自燃倾向性指标的原理进行划分的。然而不管何种方法，都有其各自的优势与劣势。为了更好地预测煤的自燃倾向性，寻找自然发火规律，各国专家和学者利用上述方法进行了多种科学试验研究，提出了一系列预测自燃倾向性的指标，并进行了一些规律性的研究。

吴俊认为煤岩分析对研究煤的自燃倾向性至关重要。他通过对煤岩的显微组分及煤自燃始温与煤阶和煤岩粒度的关系进行分析得出：煤的微裂隙、微断裂是煤加速氧化自燃时氧的重要通道，而煤岩成分、煤岩类型及它们的微观特征对煤的自燃起着决定性的作用；煤中黄铁矿的含量和赋存状态对煤的自燃起到加速氧化的作用，而另一些矿物则对煤自燃起到惰化作用；镜质体上的氧化环可以作为预测煤自燃倾向性的煤岩指标之一。

Vedat Didari 认为，煤的自燃倾向性指标除应考虑固有因素外，还应考虑外在因素。他把土耳其 Zonguldak 煤田的 5 个区 22 个煤样进行相似分析，通过着火温度法与绝热测热法相结合的试验，利用 Feng 等研究的危险性指标对 Zonguldak 煤田进行鉴定，发现该处煤的自燃倾向性与外来因素（地质因素、采矿因素）及含水量关系相当大。

匹兹堡研究中心对 14 个煤层的 19 个烟煤样进行了试验，利用绝热测热法在绝热炉内进行了试验，评估了煤炭的自燃倾向性，得出着火点温度（SHT）越低，煤炭自燃倾向性越高的结论。

Charles P. Lazzara 等人进行了一项关于烟煤自燃倾向性的实验研究。试验用的 6 个 $500cm^3$ 烧瓶被改装成能容纳一个微型压力传感器（0～103.5kPa）和一个气体取样口的容器。与烧瓶压力相关的每一个传感器的毫伏输出由一个换向开关和数字仪表来测量。6 种来自不同煤田的烟煤在干、湿两种情况下进行测试，并于 7 天后对气样进行色谱分析，发现最小着火点与 7 天后压力之间存在一种良好的关系：SHT（着火点，℃）$=128.9-0.52\Delta p_7$（Δp_7 单位为 mmHg，1mmHg = 133.322Pa），相关系数为 0.972。

D. Chandra 和 Y. V. S. Prasad 认为煤化作用对煤的自燃倾向性影响很大。他们根据煤层镜质体反射率、显微组分组成、挥发分产率及自燃始温的测试结果，将印度 Raniganj 煤田二叠纪煤层的自燃倾向性划分为低、中、高三种类型。他们的研究表明，煤级越低，镜质组+壳质组的含量越高，煤层的自燃倾向性越大。他们的这一结论与该煤田 1973~1988 年间煤层自然发火的频率极为一致。

Witwartersrand 大学的 Michail J. Gouws 运用计算机处理技术，把油温的变化信息转化成数字信号，由计算机进行数据处理得到 DTA（Differential Thermal Analysis 微分热分析）曲线。Gouws 认为 DTA 曲线与煤的自燃倾向性有一些联系。他选定低着火点温度、曲线第Ⅱ阶段斜率及第Ⅱ阶段与第Ⅲ阶段的温度变化率为参数，得出著名的 WITS-EHAC 指标，即 $\text{WITS-EHAC}=\left(\dfrac{\text{第Ⅱ阶段的斜率}}{\text{着火点温度}}\right)\times 500$，WITS-EHAC 指标越高，煤的自燃倾向性越大。同年，Gouws 又将热孵法的变体引入绝热测热法的研究程序中。他利用自耦变压器控制的加热器加热一种惰性材料样品（自耦变压器的作用是保证油被加热时容器中的惰性材料以与油相同的升温速率进行加热）。Gouws 较早地应用了微分分析法得出另一个 WITS-EHAC 指标：

$$\text{WITS-EHAC}=E/T\times\text{常数}\quad\text{或}\quad\text{WITS-EHAC}=\lg A\times\text{常数}$$

式中 A——速率系数；

T——着火点温度；

E——煤的活化能。

并与先前进行的试验进行比较，利用线性回归方法发现两种结果趋向于同一相关系数 0.92。

Saim Sarac 认为进行煤的自燃倾向性鉴定，除要进行传统的着火点温度测试外，还应考虑其他因素。为此，他根据取自土耳其有自然发火的不同煤田的 15 种煤样进行着火温度法测试，得出着火温度和升热速率值，利用多元回归分析解算出自燃倾向性指标：

$$L=1.2899M-0.1888V+0.1519F-3.41299T+0.1204A$$

式中 M——水分；

V——挥发分；

F——固有炭含量；

T——全硫；

A——灰分。

李家铸提出测定煤对氧的反应性试验装置，并用该装置测定煤样温度到80℃或试验6h达到的温度和开始测定前的煤样温度求煤对氧的反应性A：

$$A = (T_e - T_b)/t$$

式中 A——煤对氧的反应性，℃/h；

T_e——试验结束时的温度80℃或6h达到的温度，℃；

T_b——试验开始时温度，℃；

t——试验开始到结束时间，h。

根据A的值判定煤的自燃倾向性等级。

徐精彩等人以3种不同变质程度的煤样的自然发火实验为基础，通过对表征煤自燃特征参数的测算，分析它们与煤自燃倾向性的关系，得出了用临界温度、耗氧速度、CO产生率和氧转化为CO的百分率作为鉴定煤自燃倾向性的指标。

综上所述，国内外各专家和学者对煤炭自燃倾向性采取不同的实验方法进行了研究，并且考虑了某些特定的因素，取得了一定的成果。但是及时准确地掌握煤炭自燃的发展变化，对防止火灾的发生和发展十分重要。这就要求所采用的鉴定方法要迅速适当。然而，上述各国专家学者的试验研究也存在着一些问题，即采用的方法过于复杂，不适宜快速准确地预测预报煤炭自燃的发展变化情况。我国对于煤自然发火机理的研究和鉴定工作，已分别用气态、液态和固态等不同氧化剂，研究了煤的氧化热和着火规律，先后建立了判别煤的自燃倾向性的着火点法和双气路流动色谱吸氧法。双气路流动色谱吸氧法是基于煤在低温常压下的吸附符合Langmuir方程的吸附规律，其吸附氧气的能力的差异与煤化参数之间存在着一定的对应关系，且亦受多种因素的影响与制约而建立的一种鉴定煤自燃性的一种科学、方便、快速的方法。该方法是1996年由煤炭科学总院抚顺分院的研究人员经多年的实验研究，以大量的试验数据为基础提出的测定煤吸氧量的测试方法和条件，并制定出煤自燃倾向性色谱吸氧鉴定法和分类方案。

1.2.2 煤炭自然发火预测预报研究现状

自然发火预测预报方法,从目前发展的技术来看,主要有测温法和气体分析法。虽然测温法比较直接明了,但是埋设温度传感器和埋管布线等工作,较为困难,布点所能控制的范围较窄,难以快速、全面、准确地获得采场与采空区的温度变化状况,而且一次性消耗材料多,无疑增加了吨煤生产成本,因此这一方法的使用受到了限制。

气体分析法是根据煤在氧化过程中产生的一系列反应煤自燃特征的气体,如 CO、C_2H_4、C_3H_6等来进行早期预测预报。煤样升温试验和实践都证明,气体成分和煤的温度有着密切关系。分析煤样在不同温度时气体的成分,从中找出煤温与气体的对应关系,把那些直接、易于检测、有代表性和规律性的气体,即所谓的"指标气体",作为预测自然发火的依据。一般的规律是,随着煤温的逐渐升高,O_2逐渐降低,CO、CH_4、C_2H_6、C_3H_8、C_2H_4、C_2H_2等气体依次出现。根据上述气体的有或无、多或少,或进行一定的组合计算,分析井下某地点的气体,即可预测风流经过的区域的煤所处的温度范围。这种方法也称为间接温度法,是最适用和有效的方法。

早期预报自然发火的指标气体主要是 CO,由电化学原理制造的 CO 传感元件在便携式仪表和检测系统上普遍使用。但是这些装置不能放置在密闭、采空区和钻孔内等地点,使用范围受到限制。

20 世纪 80 年代以来,气相色谱仪与束管监测装置相继在煤矿使用,预报自然发火的装备水平大大提高。气相色谱仪,不但能分析 CO,而且能分析上述的多种指标气体,其精度可达到 1×10^{-7}。它可以安装在地面专用房间内,通过井下采集气体样送至地面进行分析。它主要解决了气体分析的设备问题。束管监测装置是用抽气泵通过塑料管束将井下气体抽至地面。束管管路的采样点可放置在井下的任何地方。它主要解决了自动和连续采样问题。

由于地面使用的分析仪器不同,火灾监测系统可有两种模式(如图 1-2 所示):模式 A——束管管路装置加多个专用气体分析仪;模式 B——束管管路装置加气相色谱仪。

虚线框为模式 A 设备。实线框为模式 B 设备。

模式 A 的优点是气体分析仪启动快,分析速度快,设备稳定。缺点是分析气体的品种少,准确度不高。

模式 B 的优点是分析气体的品种多,精度高。缺点是分析速度较慢,要求具有较高素质的操作人员。

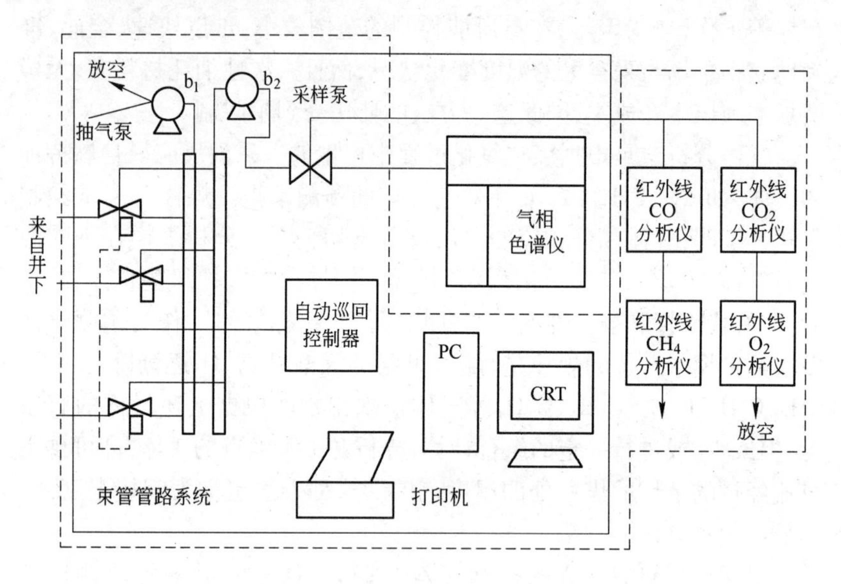

图 1-2　火灾监测系统两种结构模式示意图

利用何种指标气体、运用何种手段来对煤炭自然发火进行及时、准确的早期预测预报,一直是国内外专家学者深入探讨研究的课题。早期预报自然发火的指标气体主要是 CO,有时预报得不够准确,而且设备的使用也受到限制,存在着许多不足。20 世纪 80 年代以后,由于设备的更新,分析气体组分的增多,可选指标气体的增加,并且随着研究的进一步深化,自然发火的预测预报水平大大提高。

日本的高崎大助在对九州地区和北海道地区各煤矿进行研究后认为,在煤层多、断层多的地质条件下易发生自然发火,在这种情况下,由于断层带煤层较脆,易发生复杂的漏风通路,产生了连续供氧条件。聂容春等通过煤岩组分对预测自燃指标气体的影响的研究认为煤岩组分影响着煤低温氧化时各指标气体的产出情况:变质程度越低的煤,各气体出现的温度越低。煤炭科学研究总院重庆分院的余明高等认为,火灾预报参量波动的影响因素主要有割煤的影响、放炮的影响、外因火灾的影响和通风量变化的影响，并提出用拉依达法数学模型来剔除预测数据中异常数据，大大提高了火灾预报的准确率。

由于气相色谱仪的使用，很微量的烯烃和高分子烷烃也能检测出，一改以往 CO 作为单一指标气体状况，出现了烯烃、烷烃和链烷比以及 Graham 系数等指标参数。在指标气体优选与应用上，张国枢等提出所选指标气体必须具备下列条件：

（1）灵敏性：煤矿井下一旦有煤处于自燃或自燃状态，且煤温超过一定值时，则该气体一定出现，其生成量随煤温增加而增多。

（2）规律性：同一煤层同一采区的各煤样在热分解时，出现指标气体的最低温度基本相同（不超过 20℃）；指标气体的浓度变化与煤温之间有较好的对应关系，且重复性较好。

（3）可测性：现有检测仪器能满足检测要求。

日本的田代襄等在 20 世纪 80 年代初就指出指标气体除了用一氧化碳和乙烯，还应把烷类气体含量包括在内。并通过实验研究得出：CO 浓度及 CO/O_2（消耗量）值的增加有时并不意味着煤温的升高；此外，他还提出含有水分的煤在 40 ~ 60℃ 的空气中，其产生的 CO 有时会因细菌作用而消失，因此 CO 的减少有时也不意味着煤温的下降。

抚顺老虎台矿通风区的仲维仁、李凤泽指出，单一指标（即 CO 大小或有无）只能反映出煤氧化的初期征兆，还不能真实地反映出火灾的发生和发展。他们根据本矿的特点，选择了格拉哈姆系数作为预报指标，即

$$G = 100\Delta x(CO)/[0.265x(N_2) - x(O_2)]$$

式中 $\Delta x(CO)$——空气试样中一氧化碳的增量，%；

$x(N_2)$——空气试样中氮气的含量，%；

$x(O_2)$——空气试样中氧气的余量（即参加氧化反应的氧的剩余量），%；

0.265——正常空气成分中，氧气和氮气的比值；

100——为方便读数引用的因子。

经研究发现，G 值与氧化源的煤在自燃氧化过程中散发出各种气体成分的变化有着直接密切的关系。在老虎台矿 1986 年 1 ~7 月份，

先后发生煤自燃现象9次，除1次是因为漏检没有提前测出进行预报外，其余8次都是根据格拉哈姆 G 值的变化规律进行预测预报的。实践证明，利用 G 值作为预报指标是可行的。

马树元等在对平安矿务局风水沟煤矿的防灭火措施的研究中指出，在回采巷道安装束管遥测系统，定点、定时取样，用 GEH－1 型气体分析仪测得 CO 含量，确定发火系数 H_1 和 H_2 来预报火灾是准确的。

枣庄矿务局柴里煤矿等几家单位联合对柴里煤矿等7个煤矿进行了实验研究，就何种气体是理想指标气体，提出了新的见解，他们指出：

（1）自然发火早期预测预报的温度范围在100～170℃之间比较合适。

（2）煤升温时烯烃的生成量虽小，但是它检出的温度范围窄，应用时只需要检测乙烯是否出现这个定性临界值便可以做出判断，而且还可以根据产生的烯烃碳原子数预报灾情的发展趋势，所以它是最理想的指标气体。

烯烃可用于气煤、肥煤、长焰煤、贫煤、瘦煤等煤种自然发火早期预测预报指标气体。至于褐煤是否适用，还应进一步研究。

（3）高瓦斯煤层的链烷比值是一个灵敏的指标。链烷比受风流稀释的影响小，但预测临界值应根据煤种和现场条件来确定。

（4）一氧化碳是一种灵敏的指标，但它涌出的温度范围宽，预报时只需根据它的绝对量来判断。此外，预报时应排除多种因素的影响和干扰。

（5）一般低瓦斯煤层，温度升高时，饱和链烷的碳原子数依次被检出，可以利用乙烷、丙烷、丁烷的相继出现作指标，但对低温时也放出乙烷、丙烷、丁烷的煤种不能应用。

自燃指标气体分为三类：碳氧化合物、饱和烃与链烷比、不饱和烃等。

第一类煤自燃指标气体主要是碳氧化合物，常用的是 CO 和 CO/O_2（格拉哈姆系数）。其基本规律是：

（1）CO 产生量与煤温呈指数式关系。指数式相关关系分为两段：前段相关曲线斜率较小；后段相关曲线斜率较大，CO 随煤温上升急剧增加。

（2）相同煤温下，变质程度越低，CO 产生量越多，随着变质程度增加，相同温度段 CO 产生量的增加幅度逐渐减小。

（3）相同煤阶下，显微组分组成不同，煤的 CO 产生量存在明显的差异，表现为镜煤大于暗煤大于丝炭，这也说明了氧化自燃容易程度镜煤大于暗煤大于丝炭。

（4）不同煤样 CO 生成量剧烈变化点所对应的煤温是不同的，实验表明变质程度低的煤剧变点对应的温度较低。

CO 适用于在煤温 50 ~ 150℃阶段作为煤体热状态的指标。

第二类指标气体主要是饱和烃与链烷比，饱和烃组分包括乙烷、丙烷、丁烷和链烷比（C_2H_6/CH_4、C_3H_8/CH_4、C_4H_{10}/CH_4、C_3H_8/C_2H_6 等）。其基本规律是：

（1）对于中、低煤阶的煤样，当煤温低于 100℃时，基本检测不到乙烷和丙烷，或仅有微量；当煤温为 100 ~ 200℃时，乙烷和丙烷产率随煤温增高而增大；当煤温高于 200℃时，乙烷和丙烷产率呈指数式迅速增加。但对于高变质无烟煤，在氧化过程中乙烷和丙烷含量变化甚微。

（2）煤在氧化过程中，重烃（C_2 ~ C_4）产生量与煤阶呈负相关关系。

（3）对于同一煤样来说，饱和烃的碳原子数目可以预测煤体热状态。重烃气体组分作为指标气体比轻烃气体组分效果好。

第三类煤自燃指标气体主要是不饱和烃，即 C_2 ~ C_4烯烃和乙炔，以及一系列比值（C_2H_4/CH_4、C_3H_6/CH_4、C_2H_4/C_2H_2 等）。其随温度变化规律是：

（1）乙烯随煤温的变化可分为三个阶段：第一阶段检测不到乙烯；第二阶段烯烃开始出现，含量随煤温升高缓慢增加；第三阶段烯烃含量随煤温升高迅速增加。不同煤种这三个阶段分界点温度存在明显差异，变质程度低的煤，乙烯出现的温度较低，乙烯产率明显增加较早。

（2）随煤温的升高烯烃的碳原子数依次递增，可根据烯烃是否出现及烯烃的碳原子数推断煤体热状态。

（3）炔烃的出现一般在煤温大于250℃后，在这一煤温阶段的煤已进入激烈氧化阶段，因而炔烃不适宜作为煤自燃指标气体。

石油大学的何萍、王飞宇等在分析了这三类指标气体后，提出第一类指标气体主要适用于低变质褐煤、长焰煤自燃预测预报；第二类、第三类指标气体则主要适用于高挥发分烟煤的自燃预测预报。第二类指标气体应注意区分吸附烃和氧化产生烃的贡献，预测预报时采用湿气指标气体比含甲烷气因子的指标气体效果好。

煤科总院抚顺分院的罗海珠、钱国胤在分析大量的试验数据基础上集中研究了我国不同煤种的煤在氧化自燃过程中气体产物组成和变化规律，并提出了指标气体与煤温的定量关系和早期预测预报自然发火指标。

（1）低变质程度的煤种，如褐煤、长焰煤、气煤和肥煤，应以烯烃或烯烷比为自然发火的首选指标气体。对 C_2H_4 其预报范围为100~180℃；对烯烃比其温度范围则依自燃煤层瓦斯组分、矿内空气成分具体确定；上述煤种相应的辅助指标应为CO及其派生指标。

（2）焦煤、瘦煤及贫煤应以CO及其派生指标为首选指标气体，CO预报温度范围为90~150℃；相对的辅助指标可为 C_2H_4 或烯烷比值。

（3）高变质程度的无烟煤（包括高硫煤）仅能选用CO及其派生指标为自然发火指标气体，其预报温度范围值为100~150℃。

自然火灾预测的新方法——气味检测法。气味检测法是利用一组不同类型的气味传感器，根据不同气味传感器的仿生双分子膜在接受气味刺激后引起传感器晶振装置频率改变的不同，并基于人工神经网络理论，来感知和识别不同的气味物质，对煤炭自然发火作出早期的预测预报。

气味传感器是20世纪90年代发展起来的高新技术，利用仿生学原理，根据鼻黏膜在接受气味刺激后引起嗅觉细胞电位改变的原理而研制的，对气味的感知、识别基于人工神经网络（ANN）理论，能捕捉到煤低温氧化初期释放气味的微弱变化，并且能将这一温度提前到30~40℃。实验证明，气味检测法捕捉到煤低温氧化的信息比气体分析法 CO 等指标要早，这对煤炭自然发火的早期预测预报具有十分重要的意义。

综上所述，煤炭自然发火指标气体的优选与应用一直是各国学者研究和探讨的问题。然而煤在热解时要产生多种气体，而且各种气体生成量与煤温之间的关系因煤质不同而异。各气体的产生受多种因素的影响，尤其是在实际生产中，指标气体受到地质条件、采矿条件、通风条件等因素的影响，同时采集气样的地点和时间也会影响对煤自燃发展程度的判定。因此，在指标气体的选择与应用方面，不存在统一的规则。由此可见，对煤层自燃指标气体的选择不存在统一的模式，必须根据本矿的实际情况和实验室研究相结合的方法，提出适合本矿的煤炭自然发火早期预测预报的指标气体，并在此基础上，建立预测预报系统。

2 煤层自燃倾向性鉴定及分类

煤矿井下发生自燃火灾，根本的原因是煤炭本身具有自燃的倾向性。煤的自燃倾向性是煤的一种自然属性，它取决于煤在低温下的氧化能力，并同时受到煤的变质程度、煤的水分、煤的含量、煤的粒度、煤的瓦斯含量、煤的孔隙度、导热性等因素的影响，是煤层发生自燃的基本条件。所以，鉴定煤的自燃倾向性对煤的早期自然发火预测预报技术的研究至关重要。

尽管不同的煤种和不同的煤层赋存条件和开采状况都会使煤层的自燃危险性具有不同的差异和显现，但评价煤层的自燃危险程度，至今各个国家仍然采用鉴定煤层自燃倾向性这一方法。煤层的自燃倾向性，是煤矿安全必检项目之一。我国的自燃倾向性鉴定方法，由原来的着火温度法发展到现在的基于现代色谱技术上的吸氧量法，使鉴定结果更趋向于与现场实际情况相吻合。

为了考察开滦矿区煤层自然发火的规律，首先进行煤层的自燃倾向性实验是必不可少的。根据《煤矿安全规程》规定，本章选用吸氧量法来进行开滦矿区各矿煤层的自燃倾向性的鉴定及分类。

2.1 煤样的采取与制备

为保证所采取的煤样新鲜而且具有一定的代表性，采取煤样时需按照以下采样方案执行：

（1）煤样必须由受过专门训练的采样人员采取。

（2）在所有煤层和分层的采煤工作面或掘进工作面采取有代表性的煤样。

（3）在地质构造复杂、破坏严重（如有褶曲、断层及岩浆侵入等）地带，或煤岩组分在煤层中分布明显（如明显有镜煤、亮煤、丝炭黄铁矿夹矸等）时，应分别加采煤样，并描述采样点状态。

（4）在采掘工作面采样时，先把煤层表面受氧化的部分剥去，再将底板清理干净，铺上帆布或塑料布，然后沿工作面垂直方向划两条线，线间宽度 100 ~ 150mm，在两线间采下厚 50mm 的初采煤样；将初采煤样打碎至小于 20 ~ 30mm 粒度，混合均匀依次按圆锥缩分法，缩至 2.0kg，装入铁筒（或厚塑料密封袋）内封严运送实验室。

（5）采样时，矸石或夹石不得混入煤样中。

（6）每个煤样必须备有两张标签，一张放在装煤样的容器内，一张贴在容器外，按下列要求填写，字迹清楚：

1）煤样编号；

2）送样矿、邮编及联系人姓名；

3）煤层名称；

4）煤种（按国标分类）；

5）煤层厚度；

6）煤层倾角；

7）采煤方法（掘进面示明掘进方法）；

8）经验自然发火期（给出矿经验统计值）；

9）采样地点；

10）采样人、采样日期。

（7）随同煤样必须给出采样地点地质柱状图，并说明煤层地质生成年代、距地表深度、采样地点暴露于空气中的时间，同时指明是否是从断层、褶曲等地质构造附近采的煤样。

（8）煤样应在采样后 15 天内进行实验。

将所采取的样品用破碎机粉碎均匀后，用标准筛筛分至 60 ~ 80 目和 120 目以下的煤粉置于广口瓶中密封保存，留作实验测定用。

2.2 实验系统和实验方法

本实验主要通过对煤在低温常压下对氧（99.99%）的吸附量的测试，根据吸氧量的大小来鉴定开滦集团各矿主采煤层的自燃倾向性等级，为研究该矿的自然发火规律提供理论上的依据。实验用的主要部分仪器采用煤炭科学总院抚顺分院研制的“ZRJ—1 型煤自燃倾向性测定仪”。实验系统由标准柱恒温箱、检测器及其恒温箱、气路控制系统、电气控制单元等部分组成，实验对采自不同地点不同煤层的煤样进行吸氧量测试及数据采集。实验系统实物照片如图 2-1 所示，其气路控制系统框图和温度控制原理如图 2-2 和图 2-3 所示。

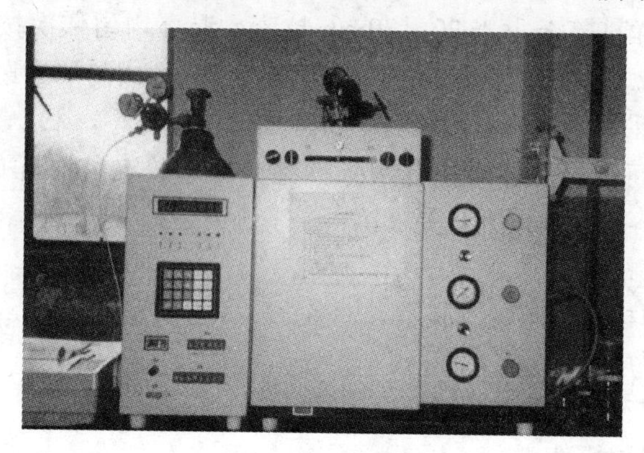

图 2-1 实验系统实物图

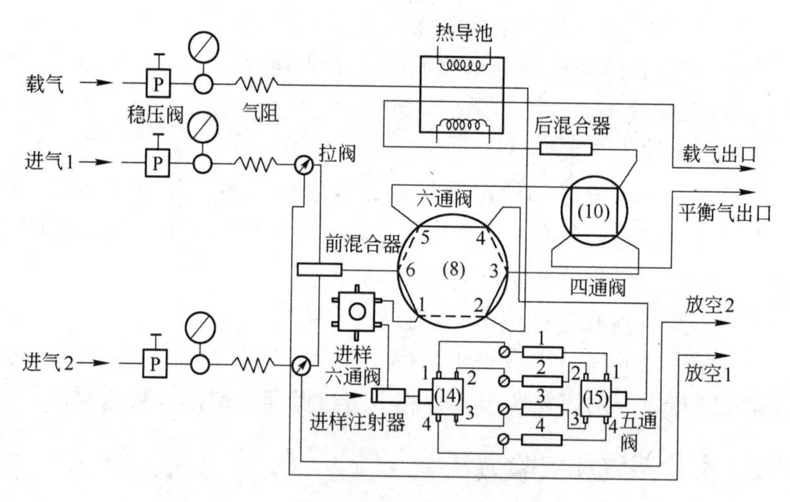

图 2-2 气路流程图

实践证明，煤的自热首先开始于吸附空气中的氧气。当煤中不含或含少量硫化矿物时，其自燃主要表现为煤自身吸附空气中的氧而开始的自热过程。煤的随后氧化过程正是开始于这种吸附氧以后的表面反应。煤最初的吸氧特性反映了有关煤自热的某些特性。煤吸附氧特性的参量主要有：吸附氧量、吸附环境温度和吸附过程参量。

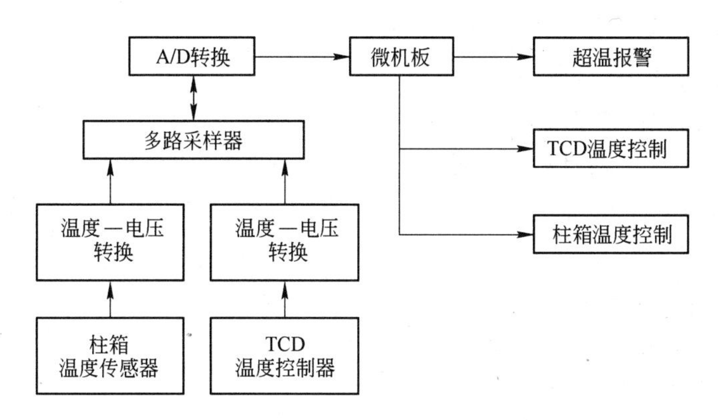

图 2-3 温度控制原理图

研究固体（煤）对气体（氧气）的吸附性质，其吸附等温线是一个基本的参量。吸附等温线的测定，也就是在一定的恒温下，对给定的吸附剂和吸附质测定其与一系列相对压力相对应的吸附量。由于气相色谱技术的发展，吸附量可以转化为谱峰来测量。在本实验中，吸附方式采用的是流动的吸附剂（氧气），为此吸附平衡气压力的变化是采用改变吸附气（氧气）与平衡气（氮气）的分压比来实现的。在与大气压平衡的情况下，两种气体的百分浓度之比即分压之比，而在色谱气路固定时，两种气体流速之比亦即为浓度之比。因此，只要调整两种气体的流速，即能得到不同分压下的吸附量，而当吸附平衡后，流出的气体发生了变化，色谱峰由热导检测器检测出峰面积。

大量的试验研究表明，煤在低温常压下对氧的吸附符合朗格缪尔方程的吸附规律，在实验中应满足下述条件：（1）固体表面是均匀的，也即对某一单一组分的煤粒可以认为其表面是均匀的，因此，将每个单一组分的颗粒的 Langmuir 吸附量叠加，可使煤的吸附从总体上符合 Langmuir 吸附规律；（2）被吸附分子间没有相互作用力；（3）吸附为单分子吸附；（4）在一定条件下，吸附和脱附之间可以建立动态平衡。因此可以按单分子层吸附理论推出的 Langmuir 吸附方程来计算吸附量，即：

$$\theta = \frac{a}{a'} e^{-\varepsilon_a/(kT)} p \Big/ \left(1 + \frac{a}{a'} e^{-\varepsilon_a/(kT)} p\right)$$

式中 θ——覆盖的表面积百分数；

a,a'——比例系数；

ε_a——吸附热；

k——玻耳兹曼常数；

p——气体的压力；

T——温度。

测定条件如下：

煤样粒度：≤0.15mm；

煤样重量：(1±0.0001)g；

载气：N_2（纯度不低于99.95%）；

吸附气：O_2（纯度不低于99.95%）；

载气流速：(30±0.5) mL/min；

吸附气流速：(20±0.5) mL/min；

热导温度：85℃；

桥丝温度：70℃；

吸附、脱附温度：30℃；

吸附时间：20min。

用制备好的粒度为120目以下的煤样进行各项基础参数的测试及吸氧量的测定。实验流程如图2-4所示。通过对煤样进行氧气的吸附和脱附，经热导检测器检测其变化，由打印机打印出色谱峰以及色谱

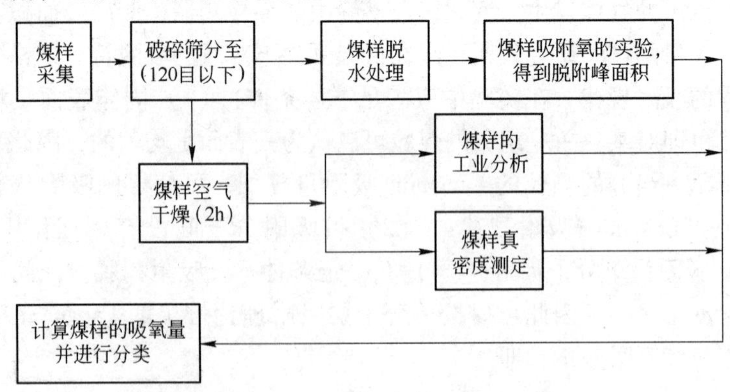

图2-4 煤自燃倾向性实验流程图

峰面积。在进行煤样的基础参数测试前，要将煤样进行空气干燥2h。

通过对煤样的基础测试结果与煤样吸附氧气的色谱峰面积即可计算出各煤样的吸氧量。计算按下式进行：

$$V_{d} = KR_{c1}\left\{S_{1} - \left[\frac{\alpha_{1}}{\alpha_{2}}\frac{R_{c1}}{R_{c2}}S_{2}\left(1 - \frac{W_{0}}{d_{0}V_{1}}\right)\right]\right\}\times\frac{1}{(1 - W_{f})W_{0}}$$

式中 K——仪器常数，min/积分示值；

R_{c1}——实管载气流速，mL/min；

R_{c2}——空管载气流速，mL/min；

α_1——实管时氧气在混合气中的体积百分比；

α_2——空管时氧气在混合气中的体积百分比；

d_0——煤样密度，g/mL；

V_1——样品管体积，mL；

W_0——煤样重量，g；

W_f——煤样水分,%；

S_1——实管峰面积，积分示值；

S_2——空管峰面积，积分示值。

由计算出的煤在低温常压下的吸氧量，并根据《煤矿安全规程》中的煤自燃倾向性分类表（表2-1）的规定，鉴定出煤层的自燃倾向性。

表2-1 煤自燃倾向性分类表

自燃等级	自燃倾向性	30℃常压煤（干煤）的吸氧量/$cm^3 \cdot g^{-1}$
Ⅰ	容易自燃	≥0.71
Ⅱ	自　　燃	0.41～0.70
Ⅲ	不易自燃	≤0.40

2.3 开滦矿区各矿煤层自燃倾向性鉴定及分类

2.3.1 荆各庄矿煤层自燃倾向性分析

2.3.1.1 9煤层实验结果的分析对比

荆各庄矿9煤层东翼自燃倾向性最大，属于Ⅰ类容易自燃；西翼次之，属于Ⅱ类自燃；南翼属于Ⅱ类自燃。

（1）荆8号煤样取自西翼，但吸氧量明显高于西翼其他煤样的吸氧量，高达1.43mL/g。该样品煤呈块状，较硬，不易碎，手感较重，但在实际生产中确实较易自燃。图2-5和图2-6为该样品断面分别放大400倍、500倍时在电子显微镜下看到的断面显微结构。从图中可以看出，该样品中含有丰富的裂隙，并伴有夹层，夹层看起来较实体部分要破碎松软，实体部分表面上可见布有微孔洞，明显不同于西翼其他样品，因此形成了与其他地点煤性质的不同，从而造成了该处煤较其他地点的煤易于自燃。

图2-5 荆8号样放大400倍时的照片

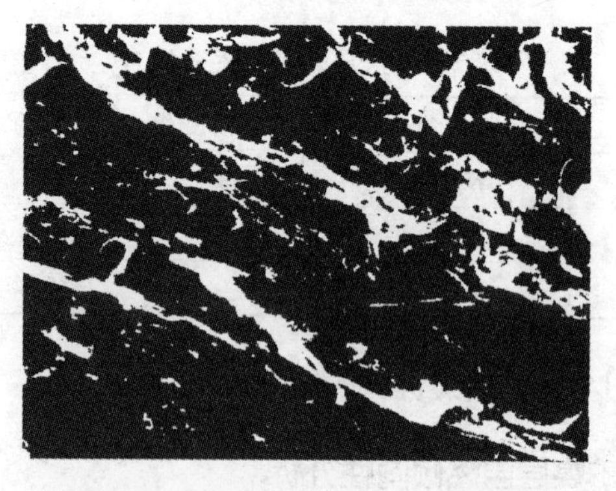

图2-6 荆8号样放大500倍时的照片

（2）在南翼诸煤样中，荆7号煤样吸氧量明显高于其他煤样。虽然该样品与荆5号煤样同取于2099掌，但荆7号煤样在整个煤层中呈一条带状，明显不同于煤层中其他地方的煤样。在显微镜下观察荆7号煤样的断面（图2-7和图2-8），发现该样品中层埋丰富，孔洞较其他地点丰富得多，而且存在着较为丰富的穿晶裂隙，这是荆5号煤样断面所没有的。这些特殊的方面使得荆7号煤样具有了特殊的性质，即易于使氧气进入，更易为其提供氧化的条件，也更易于发生自燃。因此，当矿井发现该种煤时，需提高警惕，谨防发生自燃火灾。

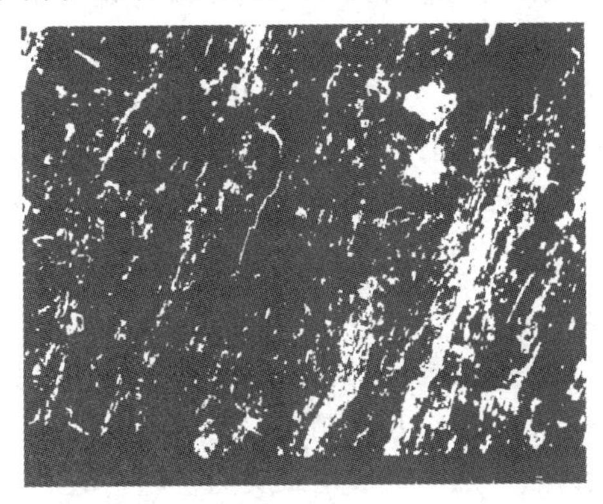

图2-7　荆7号样放大50倍时的照片

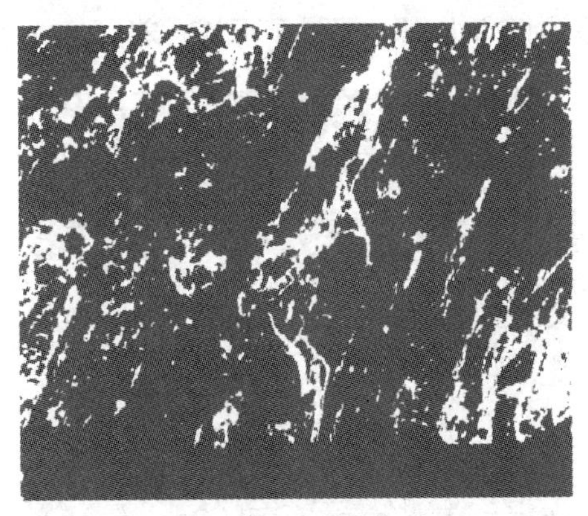

图2-8　荆7号样放大180倍时的照片

（3）西翼煤层鉴定的自燃倾向性等级低于东翼，但实际情况却是西翼高于东翼，出现这种状况的原因是由决定西翼煤层自燃的外因造成的。西翼煤层赋存条件差，地质断裂多，断层密度大，落差在5m以上的断层为26条/km^2，且以逆掩断层为主，煤层倾角大（最大达

50°~60°)，一般在25°左右，这使得断层附近煤体破碎，掘进时容易冒高，为浮煤的存在和蓄热提供了条件。在煤层的断层附近，涌水小，煤体干燥，加重了煤自燃的程度。在断层附近，煤体易沿地质结构面碎裂成块状，而原来这些面上就易存在着大量的细碎的煤体——丝炭或黄铁矿膜。

众所周知，丝炭的自燃性最强，黄铁矿也是自燃的积极发动者，这使得煤体更易蓄热自燃。通过放大西翼煤样的断面显微结构（图2-9、图2-10和图2-11）发现，西翼煤中存在着大量的裂隙和微裂隙，而且煤体极为破碎松软。大量的裂隙群体以及破碎松软的煤体加重了西翼煤层吸附氧气和蓄热的能力。西翼煤层自燃次数多，通风状况不佳，通风线路长，通风阻力大又是一个主要原因。最典型的一例是1981年5月1日发生的一起自燃事故，前后共持续35天，处理中又发生4次冒烟发火的情况。当时除因掘进冒高外，最主要的是由于当时风量极为不正常，虽经几次调整，还是没有达到正常风量，致使冒高区浮煤吸氧蓄热，从而造成了煤炭的自燃。从该矿历史记录还可以看出，煤层的自燃事故多发生于开采初期，这与当时无论是在管理经验上还是在检测设备上都存在明显不足有着必然的联系。

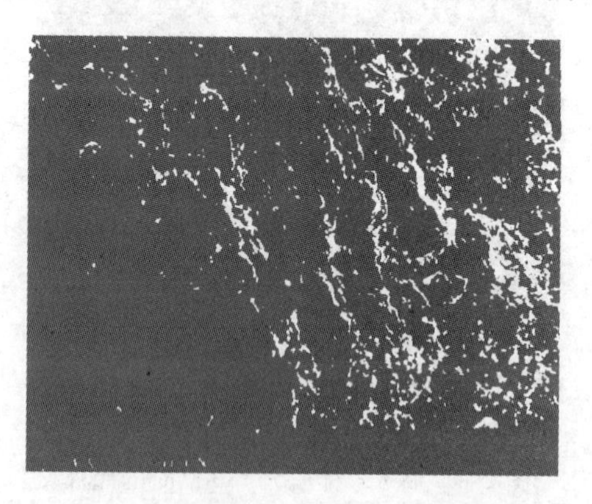

图2-9　西翼样放大100倍时的照片

（4）东翼煤层自燃倾向性等级为Ⅰ类容易自燃，这与实际发火情况比较严重相一致。由图2-12可以看出，东翼煤样品断面也存在着大小不一的裂隙，煤体松软，而且部分地方有破碎煤体向较密实部

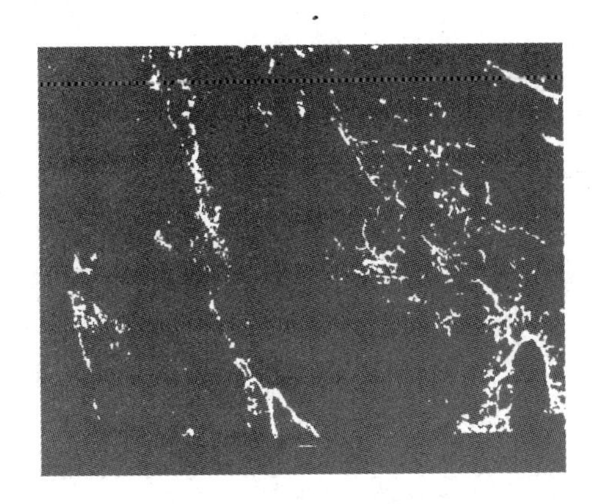

图 2-10 西翼样放大 1000 倍时的照片

图 2-11 西翼样品上的裂隙（放大 100 倍）

分充填的现象，这些特点使得东翼煤层也较易吸氧蓄热自燃。但是当把东翼煤样继续放大到 3000 倍时，发现在煤样表面存在着许多微小的孔洞（图 2-13），这些微小的孔洞可以涵养水分，因而使得东翼煤层的自燃危险性较西翼为低。但是东翼煤层的自然发火危险性也较严重，形成这种局面的主要原因除了如西翼煤层自燃的原因即遇断层和通风不良外，还由于煤层上方的承压含水层的影响，使得煤层中含水量较大。而东翼顶板孔隙裂隙发育，煤层揭露后，顶板的孔隙和裂隙会将水大部分疏干。煤中的水被疏干后，存留于煤孔隙裂隙中的惰性气体被驱赶出，增加了煤与空气接触的面积，由此使得东翼煤层的自燃危险性增加。

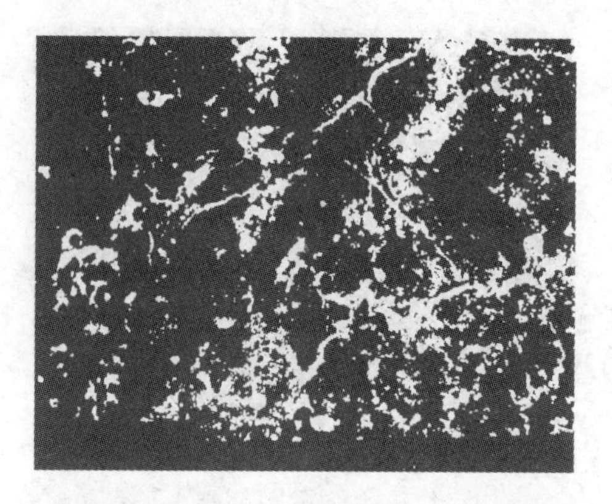

图 2-12 东翼样品上的裂隙(放大 250 倍)

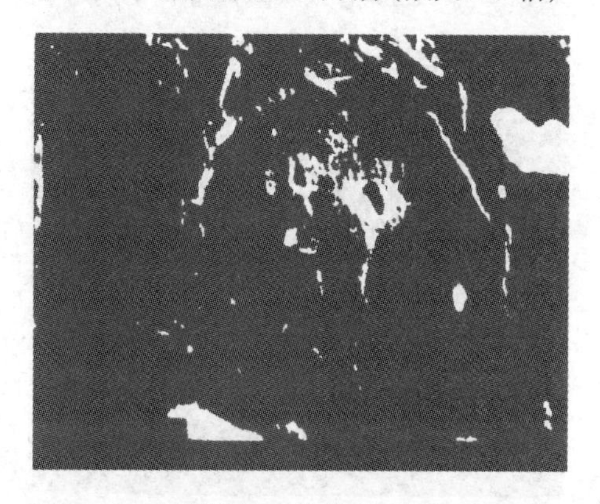

图 2-13 东翼样品上的孔隙(放大 3000 倍)

(5) 南翼煤层自燃倾向性等级鉴定为Ⅱ类自燃。在南翼煤层产生自燃的因素中，除遇断层和通风不良外，越过停采线和老塘自燃也是主要原因。但是南翼煤层自然发火次数大为减少，仅占 8.33%。分析其原因，主要是由于南翼煤层的产状平缓，断层以张性断层为主，其顶板导水性强。图 2-14、图 2-15 是南翼煤样品断面扫描电镜下的显微结构。由图中我们可以看出南翼样品表面结构呈片状，颗粒细小且较为松散，放大 1000 倍后方可见少量裂隙，微裂隙不发育。南翼煤层中的这种结构使得它能够含有少量的裂隙水，同时受煤 7 和煤 9 砂岩裂隙承压含水层及煤 5 以上承压含水层的影响，煤体湿润，且南翼通风线路短，通风阻力小，不易形成蓄热条件，因而南翼煤层的自然发火程度大大降低。

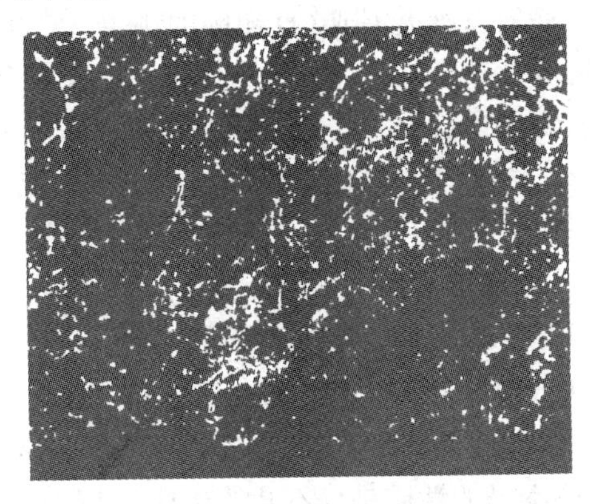

图 2-14 南翼煤样放大 100 倍时的照片

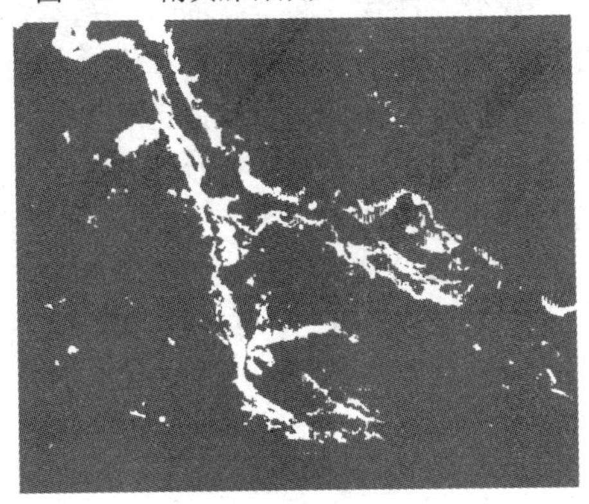

图 2-15 南翼样品上的裂隙（放大 1000 倍）

2.3.1.2 11 煤层实验结果的分析对比

11 煤层的自燃倾向性等级为Ⅰ类容易自燃，因而只要具备自燃的条件煤层即可自燃。但是 11 煤层为单一结构煤层，平均厚度仅为 1.95m，顶板组织致密，稳定性较好，不易冒高，采掘时一次采全高，不易留下浮煤，而且 11 煤层的水文地质简单，因而对于 11 煤层来讲不易形成煤自燃的条件。因此，11 煤层虽然具有自燃的倾向性，但不易引起煤炭自燃火灾的发生。

2.3.1.3 12-1 煤层实验结果的分析比较

12-1 煤层的自燃倾向性等级属Ⅱ类自燃，因而只要具备自燃的条件即可引起自燃。从荆各庄矿煤层自然发火的历史记录看，12-1煤层至今未发生任何自燃火灾或CO超限的迹象。产生这种情况的原因主要是该煤层厚度较小，采煤方法为炮采，一次采全高，很难遗留下碎煤，同时该煤层顶板为粉砂岩，坚硬致密，不易形成冒高点，不能形成顶板浮煤，因而新鲜风流不易渗透，不能形成高温点。因此，虽然12-1煤层具有自燃的倾向性，但也不容易形成火点而引发自燃事故。

2.3.1.4 12-2煤层实验结果的分析比较

12-2煤层所取的8个样品中，除去采自2120掌以外的样品中，煤层均具有自燃的倾向性，荆17号样品的吸氧量明显高于其他样品，这与荆17号煤样本身的性质是分不开的。从荆17号煤样的工业分析来看，它的水分、灰分、挥发分和全硫的含量基本都高于其他样品。我们知道，硫化矿物的分解产物Fe_2O_3（氧化铁）比煤的吸氧性强，因而一般含硫量高的煤吸氧量较高。水分的作用也不容忽视，其他条件相同时，含水量高的煤吸氧量大。因而从整体上看，12-2煤层的自燃倾向性等级属Ⅱ类自燃。12-2煤层自开采至今也未发生过自燃事件，其原因大致与12-1煤层相仿。12-2煤层厚度虽然大于12-1煤层，但也仍属于一次采全高的煤层，不会留下浮煤，从而不会引发自燃事故的发生。

2.3.2 赵各庄矿煤层自燃倾向性分析

由实验结果可知，赵各庄矿所属主要开采煤层9、12煤层均有自燃的倾向性，自燃倾向性等级为Ⅱ类自燃。

2.3.2.1 9煤层结果分析对比

9煤层自燃倾向性等级为Ⅱ类自燃煤层，因而只要具备自燃的条件即可发生自燃。9煤层为单一厚至中厚煤层，煤呈碎块状、粉末状，煤体较为破碎，易于吸氧蓄热。赵各庄矿煤层地质条件复杂，断层较多，在断层附近煤体松软破碎，并会伴生一些小构造，这会增加煤的自燃危险性。该矿现开采深度已超过1000m，地压大，因此煤层顶底板、煤柱因受力裂隙发育，使得空气进入煤体，产生缓慢氧化，随着氧化过程的加深，易于出现自燃现象。9煤层顶板为灰白色砾粗砂岩，高岭石胶结，易风化，容易形成大面积悬顶，掘进巷道因顶板易风化而容易变形，因此，需要加强顶板的管理，防止顶板发生抽冒，引起浮煤吸氧蓄热氧化而发生自燃。9 煤层为具有瓦斯突出危险的煤层，瓦斯涌出量随开采深度的增加而增大，并且该煤层具有煤尘爆炸危险性，因此，预防自燃火灾的发生相当重要。

2.3.2.2 12 煤层结果分析对比

12 煤层自燃倾向性等级为Ⅱ类自燃煤层，因而只要具备自燃的条件即可发生自燃。12 煤层顶板为腐泥质黏土岩，节理发育，破碎，易冒落，加之开采深度的增加，地应力加大，造成顶板管理困难，易于出现浮煤，为自燃的发生创造了条件。12 煤层为厚煤层，采用分层开采，也会较易出现遗煤。在该煤层的开采过程中，曾多次出现高温点，2132 工作面曾发生煤层自燃，说明 12 煤层确实具有自燃的危险性。分析 2132 工作面的赋存情况，2132 工作面 F4、F3 两断层的落差较大，在断层带及其附近及顶板因受力，裂隙发育，松软破碎，并会伴生一些小构造，所以施工过程中，在接近和过断层时顶板易于塌冒，在冒顶区，空气易于进入浮煤内，造成煤体氧化，生成的热量又不容易散发出去，从而蓄热，促进煤体进一步氧化，最后，如果生成的热量不能及时散发出去，就会造成自燃的发生。因此，在开采 12 煤层时，需要注意顶板的管理工作，同时加强通风管理，防止风量过小，造成浮煤蓄热而引起自燃。

2.3.3 吕家坨矿煤层自燃倾向性分析

对吕家坨矿的煤样进行自燃倾向性测试，表明吕家坨矿煤层具有自燃的倾向性，其中 7 煤层的自燃倾向性等级为Ⅰ类容易自燃，8 煤层的自燃倾向性等级为Ⅰ类容易自燃，9 煤层、12 煤层的自燃倾向性等级为Ⅱ类自燃。

2.3.3.1 7 煤层实验结果分析

7 煤层的自燃倾向性等级为Ⅰ类容易自燃，因而只要具备自燃的条件即可发生自燃。在 7 煤层的开采史中，未发生过自燃事件或 CO 超限情况。出现这种状况主要是由于吕家坨矿 7 煤层一直采用水采的方法，是水有效地抑制了煤炭的自燃。但是现在吕家坨正在进行由水采到旱采的转变，在将来进行旱采时煤层的自燃危险性将会大大增加。7 煤层的煤质致密，具有规则的层理，层理充填密实，裂隙不发育，因而从煤层本身来看，7 煤层的煤本身不易形成自燃的条件。从 7 煤层的赋存条件看，7 煤层属厚煤层，含有夹石，这会增加 7 煤层自燃的危险性。7 煤层倾角较小，为缓斜煤层，同时 7 煤层直接顶板平整，绝大部分范围的顶板在煤体采出后冒落，因而可以充满采空区，降低了采空区自燃的危险性。但是从煤层自身的自然属性上看，7 煤层具有自燃的倾向性，因而在采用旱采的时候，需注意减少浮煤的产生及通风不良情况的出现，以降低煤层自然发火的发生。另外，7 煤层西翼大部位于吕家坨复背斜构造发育地带，地层起伏，走向多变，加之若干条放射状断层的发育，使构造形态更加复杂。在地质断裂发育地带，煤层破碎，易于产生浮煤和积聚热量，更易发生自燃事故，因而在遇地质断裂的地点，应注意自燃火灾的预防工作。

2.3.3.2 8 煤层实验结果分析

8 煤层的自燃倾向性等级为Ⅰ类容易自燃，因而只要具备自燃的条件即可发生自燃。在 8 煤层的开采史中，未发生过自燃事件或 CO 超限事件。8 煤层的开采一直采用水力采煤法，因而采后的煤外在湿度较大，有效地抑制了煤炭自燃的发生。8 煤层属中厚简单煤层，呈碎块状或块状，煤岩组分以亮煤为主，条带状构造。8 煤层的这些特征，使得煤层的自燃危险性较 7 煤层降低。8 煤层赋存条件稳定，顶板以泥岩和粉砂岩为主，底板以粉砂岩为主，厚度较小，在某些地点与 7 煤层间距不足 0.7m，而与 7 煤层合采，合采时会使煤中夹矸较多，较易留下浮煤，会增加煤自燃的危险性。因此，合采时需注意煤层自燃的发展状况。

2.3.3.3 9 煤层实验结果分析

9 煤层的自燃倾向性等级测定为Ⅱ类自燃煤层，因而只要具备自燃的条件即可发生自燃。在 9 煤层的开采史中，未发生过自燃事故。9 煤层的开采已由原来的水力采煤改变为现在的旱采（长壁采煤法）。水力采煤会抑制煤层的自燃，旱采时由于煤层外在水分的不足而使煤层的自燃危险性增加。9 煤层煤层厚度一般在 1.71m 左右，以亮煤、镜煤为主，呈块状构造，一般含一层夹石，为稳定煤层，裂隙甚少。

我们知道，镜煤和亮煤较之暗煤和丝炭不容易自燃，煤层厚度小，可以一次采全高，减少了遗煤的产生，切断了产生自燃必不可少的条件，而且9煤层本身存在的内在裂隙不发育，不易形成供氧的通道，也就不可能发生自燃。因此从总体上看，9煤层的自燃危险性较7、8煤层要低。

2.3.3.4 12煤层实验结果分析

12煤层的自燃倾向性等级测定为Ⅱ类自燃，因而只要具备自燃的条件即可发生自燃。在12煤层的开采史中，曾于1996年11月29日在4270工作面发生过一次自燃火警现象。经考证，发生火警现象当时，在吕家坨矿东翼开平边界有一小煤矿，经常打开两矿间的密闭，使得密闭内漏风，为密闭内的遗煤提供了氧气，同时由于漏风，大巷内风流量减小，又为煤的蓄热提供了条件。在这种情况下，发生了该次自燃火警事件。由12煤层的赋存条件可知，该煤层为中厚复合煤层，厚度变化极不稳定，煤层呈粉状或碎块状，以暗煤为主，与7、8、9煤层的煤有很大差异。12煤层的这些特点，使得该煤层在开采过程中，容易遗失碎煤。12煤层煤中裂隙较丰富，而这些裂隙可以为煤层提供供氧条件和蓄热条件。12煤层顶板为腐泥质泥岩，性脆易碎，也为遗煤产生了条件。总之，12煤层的自燃倾向性低于7、8煤层，但煤层自燃危险性却较7、8煤层要高，因而在开采12煤层时要注意煤层顶底板的管理，尤其是在裂隙发育地带，回采时不易管理，更应提高预防火灾的警惕性。

2.3.4 范各庄矿煤层自燃倾向性分析

由实验结果可知，范各庄矿自燃倾向性等级5煤层为Ⅰ类容易自燃，8、9、12煤层为Ⅱ类自燃，7煤层为Ⅲ类不易自燃煤层。

2.3.4.1 5煤层实验结果分析

5煤层自燃倾向性等级为Ⅰ类容易自燃煤层，因而只要具备自燃的条件即可发生自燃。5煤层为薄到中厚煤层，煤层厚度小，采掘时不易留下浮煤，同时，由于该矿水文地质条件复杂，矿井涌水量大，因此，5煤层虽然具有自燃的倾向性，也不会发生自燃。但需要注意开采过程中的通风管理工作。

2.3.4.2 7煤层实验结果分析

7煤层的自燃倾向性等级为Ⅲ类不易自燃煤层，这与7煤层在开采过程中从未发生过自燃现象相一致。但同样需要注意采掘过程中的通风管理工作。

2.3.4.3 8煤层实验结果分析

8煤层的自燃倾向性等级为Ⅱ类自燃煤层，因而只要具备自燃的条件即可发生自燃。8煤层在开采过程中未发生过自燃现象，考虑主要是由于8煤层内生节理发育，在开采过程中受5~7煤层间裂隙承压含水层的影响，涌水量大，会使煤体变得湿润，从而降低了煤层的自燃危险性。但是8煤层具有自燃的倾向性，因而需要加强采掘过程中的各项管理工作，防止自燃火灾的发生。

2.3.4.4 9煤层实验结果分析

9煤层的自燃倾向性等级为Ⅱ类自燃煤层，因而只要具备自燃的条件即可发生自燃。9煤层为复杂结构的中厚煤层，在开采过程中也会受到水的影响，因而自燃危险性也会降低，这与该煤层在开采过程中也未发生过自燃现象是相一致的。

2.3.4.5 12煤层实验结果分析

12煤层的自燃倾向性等级为Ⅱ类自燃煤层，因而只要具备自燃的条件即可发生自燃。12煤层从投产至今，曾发生过8次自燃火灾。其主要原因是12煤层为复杂结构厚煤层，开采过程中容易产生遗煤，其中上部含有2~3层黄铁矿结核层，最厚处可达0.1m，而该煤层内生节理发育，空气容易进入煤层，开采过程中水量也较大，在水和氧同时参加的情况下，黄铁矿发生化学反应，该反应为放热反应，使得邻近煤体蓄热，同时黄铁矿反应后，体积膨胀，使煤体变得更为破碎，加速了煤炭氧化过程的发展，最终导致自燃。因此在12煤层的开采过程中，需要密切注意通风管理和安检工作，防止自燃火灾的发生。

2.3.5 钱家营矿煤层自燃倾向性分析

通过煤层自燃倾向性鉴定实验，可知在钱家营矿开采的五个煤层

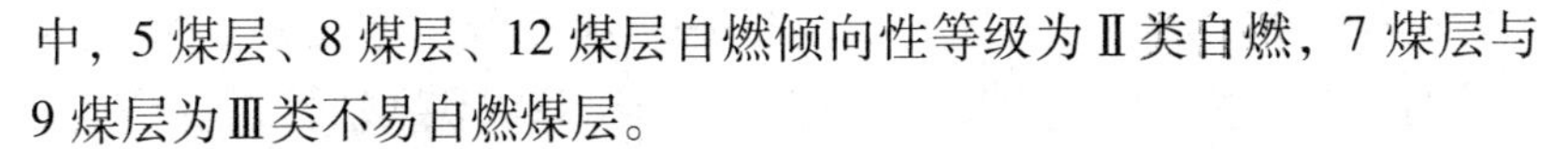

中，5 煤层、8 煤层、12 煤层自燃倾向性等级为Ⅱ类自燃，7 煤层与 9 煤层为Ⅲ类不易自燃煤层。

2.3.5.1 5 煤层实验结果分析

5 煤层的自燃倾向性等级为Ⅱ类自燃煤层，只要具备自燃的条件即可发生自燃。5 煤层厚度较薄，采用综合机械式采煤法，可以一次采全高，不易留下浮煤，故虽然该煤层具有自燃的倾向性，也不会发生自燃。

2.3.5.2 7 煤层实验结果分析

7 煤层的自燃倾向性等级为Ⅲ类不易自燃煤层，这与该煤层自开采以来未发生过自燃火灾相一致。但不易自燃并不意味着不自燃，因而在生产过程中仍需注意通风管理及安检工作。

2.3.5.3 8 煤层实验结果分析

8 煤层的自燃倾向性等级为Ⅱ类自燃煤层，只要具备自燃的条件即可发生自燃。由实验结果看，8 煤层所取煤样的水分明显高于 5、7、9 煤层，而且该样品每克干煤的吸氧量仅为 0.43mL（Ⅱ类与Ⅲ类的分界线为 0.41mL），8 煤层的煤层厚度小，采时可以一次采全高，不易留下浮煤，故而虽然 8 煤层具有自燃的倾向性，但也不易发生自燃。

2.3.5.4 9 煤层实验结果分析

9 煤层的自燃倾向性等级为Ⅲ类不易自燃煤层，这与该煤层自开采以来未发生过自燃火灾相一致。但是该煤层厚度较大，属于中厚煤层，开采过程中会产生较多遗煤，因此，需注意通风及安检工作，防止煤炭长期蓄热而产生自燃现象。

2.3.5.5 12 煤层实验结果分析

12 煤层的自燃倾向性等级为Ⅱ类自燃煤层，因而只要具备自燃的条件即可发生自燃。12 煤层为中厚至厚缓倾斜煤层，采煤方法为综合机械化采煤，因而在开采过程中易于留下浮煤，为自燃提供条件。12 煤层顶板西中部为腐泥质黏土岩，岩性较软，对巷道的维护不利，易于产生巷道冒高而出现浮煤，进而空气进入，风量小，蓄热而发生自燃现象，尤其是井田中部断层较为发育，为空气的进入及煤体氧化蓄热提供了条件，因此，在井田中部12煤层的自燃危险性必然增加。矿井投产后，1993年－450水平西12-1煤层回风巷曾发生自燃火灾。该矿井含有煤尘，具有爆炸性，因而在开采过程中需要密切注意防止自燃现象的产生，加强除尘措施的改进，防止发生煤尘爆炸。

2.3.6 唐山矿煤层自燃倾向性分析

由实验结果可知，该矿所属各煤层均有自燃的倾向性，其中5煤层及8煤层为Ⅱ类自燃煤层；9煤层11水平为Ⅰ类容易自燃煤层，其余水平为Ⅱ类自燃煤层；12煤层为Ⅰ类容易自燃煤层。

2.3.6.1 5煤层实验结果分析

5煤层自燃倾向性等级为Ⅱ类自燃，因而只要具备自燃的条件即可发生自燃。但是5煤层煤的吸氧量较低，在自燃煤层中属于自燃程度较低的煤层。在唐山矿的自然发火历史上，5煤层未发生过自燃火灾。该煤层结构简单，其伪顶之上有一煤线而使伪顶及煤线在回采过程中自行垮落，从而降低了顶板出现浮煤的可能性，也就不易发生自燃。5煤层距离地面较浅，地压较小，煤柱不易发生破裂，减少了因煤柱氧化而发生的自燃。但是5煤层具有自燃的倾向性，还需要在开采的过程中加强各项管理工作，防止自燃火灾的发生。

2.3.6.2 8煤层实验结果分析

8煤层自燃倾向性等级为Ⅱ类自燃，因而只要具备自燃的条件即可发生自燃。8煤层顶板岩性变化很大，有的地区为硅质胶结，顶板坚硬，有的地区为泥质胶结，易于风化，有时砂岩顶板直接覆盖于煤层之上，从而为顶板管理带来了不便，使得某些区段内可能发生冒顶而为氧气进入提供通道，易于蓄热而发生自燃。唐山矿地质条件复杂，断层较多，容易切断煤层，使煤体变得破碎，从而易于蓄热氧化。8煤层煤体含水量小，煤体较为干燥，这会增加煤层的自燃危险性。冒高是8煤层自然发火的主要原因之一，但也不乏管理上的疏漏及检测手段落后的原因。2001年4月30日5088风道闭外巷帮处冒烟，发生自燃，经分析主要原因是由于大巷套修，上顶抽冒，大巷与采空区形成漏风通路，致使在密闭以外左帮上部冒高处热量积聚造成煤炭自燃。8 煤层瓦斯相对涌出量高，而且煤尘爆炸指数高，因而在该煤层的开采过程中，需要加强安检及通风管理工作，防止发生煤炭自燃和瓦斯聚集而引起瓦斯爆炸。

2.3.6.3 9 煤层实验结果分析

9 煤层自燃倾向性等级是 11 水平为Ⅰ类容易自燃，其余水平为Ⅱ类自燃，因而只要具备自燃的条件即可发生自燃。成煤时期井田范围内沉积环境的差异，致使 8、9 煤层出现分叉和合并现象，表现在煤层上就是，合并区为一特厚煤层，分叉区则分为独立的两个煤层，因而在合并区开采时，由于采用综合机械化式采煤，会使得遗煤增加，为煤炭自燃提供燃烧物。而且随着采掘深度的增加，地压会逐渐增大，而 9 煤层煤质较硬，使得煤柱易于发生破裂产生氧化；同时，顶板压力的增大，使得巷道顶板易于产生冒高，进而蓄热发生自燃。1999 年 9 月 2774 面台帮上顶发生自燃。当时主要由于皮带巷上顶地压力大，三通台棚上顶（刚好穿过 9 煤层）煤产生裂隙为氧气进入提供了通道，煤体蓄热而产生自燃火灾。与 8 煤层相类似，井田内地质结构复杂，煤体干燥，开采过程中涌水小，该煤层的瓦斯相对涌出量也高，煤尘具有爆炸性，因而需要加强通风管理及安检工作，以防止因自燃而引起煤尘和瓦斯爆炸。

2.3.6.4 12 煤层实验结果分析

12 煤层自燃倾向性等级为Ⅰ类容易自燃，因而只要具备自燃的条件即可发生自燃。12 煤层开采深度大，地压比前几煤层高，对煤柱的保护不利，利于自燃。随着开采的延伸，本煤层分叉为二层到三层，厚度变小，采用综采方法采煤，遗煤会有所减少，减少了煤层发生自燃火灾的机会。12 煤层含硫量较高，对自燃有利，但不会成为产生煤炭自燃的主要原因（低于 3%）。与 8、9 煤层相似，12 煤层含水量也低，煤体干燥，会有助于自燃的发生。总体上讲，由于 12 煤层自燃倾向性高，也存在诸多不利因素，需要在采掘的过程中加强各项管理工作，防止煤炭发生自燃。

2.3.7 马家沟矿煤层自燃倾向性分析

由实验结果可知，马家沟矿现有主要开采煤层 9 煤层的自燃倾向性等级为Ⅱ类自燃煤层；12 煤层在 9 水平为Ⅰ类自燃煤层，开拓水平 10 水平为Ⅰ类容易自燃煤层。

2.3.7.1 9 煤层实验结果分析

9 煤层自燃倾向性等级为Ⅱ类自燃煤层，因而只要具备自燃的条件即可发生自燃。9 煤层为较稳定的复杂结构的中厚至厚煤层，煤层硬度由顶板至底板逐渐变软，尤其是煤层底界线垂直向上 0.2 ~ 0.7m，见有一层夹石，节理发育，易破碎，对整个煤层的稳定性不利，容易使空气通过此夹层进入煤体，而发生局部煤炭的缓慢氧化。煤体干燥则加大了煤层的自燃危险性。该煤层为急倾斜煤层，开采过程中容易在边角处丢失煤炭，为煤炭自燃提供了浮煤。在井田的过程中，9 煤层曾发生多次自燃现象。如在 9793 一面，该煤层顶板为矽质式胶结，岩性坚硬，因而不利于采后采空区的充填，使采空区容易因封闭不严漏风而发生自燃火灾。马家沟矿井属于高瓦斯矿井，因此，在 9 煤层的采掘过程中，需要注意通风管理，及时封闭采空区，防止采空区漏风，发生自燃现象，进而引起瓦斯爆炸。

2.3.7.2 12 煤层实验结果分析

12 煤层自燃倾向性等级为Ⅰ类容易自燃，因而只要具备自燃的条件即可自燃。12 煤层为稳定可采复杂结构的厚至特厚煤层，煤体多呈碎块状及颗粒状。我们知道，在沿地质结构面上会产生大量裂隙，如果煤体破碎，则裂隙会充满煤粉与碎屑，而裂隙也是空气供给的通道。裂隙网互相连接，漏风风流通过，但风量过小不足以将氧化产生的热量带走，为此便出现热量积蓄、煤的氧化过程加速、温度上升的现象。因此，煤体较为破碎是 12 煤层多次发生自燃现象的原因之一。煤体干燥是造成自燃的又一原因。与 9 煤层相似，12 煤层亦为急倾斜煤层，开采过程中也易产生遗煤，利于自燃的发生。此外，12 煤层顶板为浅灰色细砂岩，岩性坚硬，不易垮落，也就不易充满采空区，容易造成采空区自燃。在自 1996 年以来发生的 3 次火灾中，均出现在 12 煤层，且有两次出现在采空区，说明采空区自燃是 12 煤层开采过程中的主要发生地点。密闭不严造成采空区漏风而使采空区中遗煤发生氧化是该煤层自然发火的主要原因。因此，随着开采深度的增加，地压的增大，需要在采掘的过程中严密封闭采空区、注意通风管理是减少煤炭发生自燃的重要措施。该矿为高瓦斯矿井，加强通风管理可以降低引起瓦斯爆炸的隐患。

2.3.8 东欢坨矿煤层自燃倾向性分析

由实验结果可知，东欢坨煤矿所属各煤层均有自燃的倾向性，其中8煤层、9煤层及12-1煤层为Ⅱ类自燃煤层，11煤层为Ⅰ类容易自燃煤层。

2.3.8.1 8煤层结果分析对比

总体上来讲，8煤层的自燃倾向性等级为Ⅱ类自燃，因而只要具备自燃的条件即可发生自燃。从东欢坨矿煤层自然发火的原始记录来看，8煤层开采至今未发生过任何自燃火灾或CO超限的迹象。8煤层属缓倾斜厚煤层，含有2~4层夹矸，结构较复杂，开采时比较容易留下遗煤，因而比较易于提供产生自燃的首要条件，即有浮煤的存在，也就增大了煤层的自燃危险性。8煤层属于弱矿化半丝炭亮暗煤，半丝炭及丝炭物质含量较高，增加了煤层自燃的危险性。因8煤层顶板为中厚层状的粉砂岩或黏土岩，岩性致密均一，不易形成氧气进入煤层的通道，故该煤层顶板特性对助长煤炭自燃不利。同时该煤层顶板的粉砂岩为泥-钙质胶结，胶结物高达30%~40%，吸水后易膨胀，从而易于充满采空区，使采空区不易发生自燃。由于受含水层的影响，8煤层在采掘的过程中水量很大，这在某种程度上降低了该煤层的自燃危险性，这也是该煤层虽然具有自燃的危险性，但未发生自燃事故的主要原因。由于煤田内西北翼急陡，多发育走向逆断层，东南翼平缓，以张-张扭性的正断层为主，预计煤层在西北翼的自燃危险性要高于在东南翼的煤层，在断层等地质碎裂地带，容易形成自燃点，因而需注意地质碎裂处的监测工作。同时需要注意采掘过程中的通风管理工作，防止出现风量不稳、采空区密闭不严等人为因素的影响，而造成自燃火灾的形成。

2.3.8.2 9煤层结果分析对比

9煤层的自燃倾向性等级为Ⅱ类自燃，因只要具备自燃的条件即可发生自燃。

2.3.8.3 11煤层结果分析对比

11煤层的自燃倾向性等级为Ⅰ类容易自燃，自燃倾向等级高于其他诸煤层，因而只要具备自燃的条件即可发生自燃。该煤层普遍含有一定数量的FeS_2类矿物，从而使得该煤层的含硫量较其他煤层要高。我们知道，黄铁矿是煤自燃的积极发动者，因而增加了11煤层的自燃危险性。本煤层顶板为腐泥质黏土岩，岩性脆，击之易碎，而且部分地段含碳量高达41%，这使得破碎而未垮落的煤层顶板易于发生氧化，从而增加了煤层的自燃危险性。11煤层为中厚煤层，采煤时一次采全高，不易留下浮煤，也就不易发生自燃。因矿井采掘过程中涌水量大，这在一定程度上可以缓解煤层的自燃危险性，但是煤7～煤11间地层含水系数小，也即11煤层煤体较为干燥，干燥的煤体经水浸润，当水疏干后反而会增加煤炭的自燃危险性。同时，随着开采深度的增加，也会加重煤炭的自燃危险性。综上所述，11煤层的自燃危险性要高于8煤层和9煤层，因此，在煤层的开采过程中，需要注意通风系统的正常工作和采掘过程中的检测及管理工作，以防煤炭自燃的发生。

2.3.8.4 12-1煤层结果分析对比

12-1煤层的自燃倾向性等级为Ⅱ类自燃，因而只要具备自燃的条件即可发生自燃。12-1煤层为中厚缓倾斜煤层，开采过程中一次采全高，不易留下浮煤，也就不易发生自燃。但12-1煤层与11煤层相距较近，最近处仅有3.78m，因而顶板在开采过程中容易受到由于开采上一煤层时而产生的采空区的叠加影响，而12-1煤层部分地区可见腐泥质黏土岩，这容易使更多的浮煤产生，增加了12-1煤层的自燃危险性。12-1煤层的含硫量也较高，因而也使得12-1煤层的自燃危险性高于8煤层和9煤层。12-1煤层显微煤岩类型属于微矿化半丝炭暗亮煤，半丝炭化物质含量也较高，因而自燃危险性也较高。与11煤层相似，由于煤7～煤12-1地层间含水系数小，煤体较为干燥，加重了煤炭的自燃危险性。同时，随着开采深度的增加，12-1煤层的自燃危险性也会增加。该煤层煤质分析凝胶化物质含量平均为61.25%，凝胶化物质遇水后易于膨胀，对煤层所在的裂隙及微裂充填和浮煤的覆盖较好，因而降低了该煤层的自燃危险性。总之，在

12-1 煤层的开采过程中，需加强采掘工序的管理及通风系统的管理工作，以防自燃火灾的发生。

2.3.9 林南仓矿煤层自燃倾向性分析

由实验结果可知，林南仓矿现有主要开采煤层 11 煤层的自燃倾向性等级为Ⅱ类自燃，12 煤层在 9 水平为Ⅰ类容易自燃煤层。

2.3.9.1 11 煤层实验结果分析

11 煤层自燃倾向性等级为Ⅱ类自燃，因而只要具备自燃的条件即可发生自燃。9 煤层为较稳定的复杂结构的中厚至厚煤层，煤层顶板为砂岩类破碎顶板，极易冒落，造成密闭不能接帮接顶，而且不能替下拱形支架和拆顶，形成漏风通道。另外该煤层赋存条件差，地质构造极其复杂，断层较多，节理发育，易破碎，造成裂隙，容易使空气通过此裂隙进入煤体，而发生局部煤炭的缓慢氧化。而煤体干燥，则加重了煤层的自燃危险性。该煤层为倾斜煤层，开采过程中容易在边角处丢失煤炭，为煤炭自燃提供了浮煤。11 煤层用水量不大，也即 11 煤层较为干燥，干燥的煤体经水浸润，当疏水后反而会增加煤炭的自燃危险性。在井田的开采过程中，11 煤层曾发生多次自燃现象，因此，在 11 煤层的采掘过程中，需要加强现场管理和通风管理，及时封闭采空区，防止采空区漏风，从而避免发生自燃现象。

2.3.9.2 12 煤层实验结果分析

12 煤层自燃倾向性等级为Ⅰ类容易自燃，因而只要具备自燃的条件即可自燃。12 煤层为稳定可采复杂结构的厚至中厚煤层，煤体多呈碎块状及颗粒状。我们知道，在沿地质结构面上会产生大量裂隙，如果煤体破碎，则裂隙会充满煤粉与碎屑，而裂隙也是空气供给的通道。裂隙网互相连接，漏风风流通过，但风量过小不足以将氧化产生的热量带走，为此便出现热量积蓄、煤的氧化过程加速、温度上升的现象。因此，煤体较为破碎是 12 煤层多次发生自燃现象的原因之一。煤体干燥是造成自燃的又一原因。与 9 煤层相似，12 煤层亦为急倾斜煤层，开采过程中也易产生遗煤，利于自燃的发生。此外，12 煤层顶板为砂岩类破碎顶板，极易冒落，容易形成漏风通道。12 煤层地质构造复杂，断层多，火成岩发育，在揭露时煤层温度高达

50～60℃，容易造成自燃。12煤层在开采过程中，曾多次发生自燃火灾，并且多出现在工作面，因此要加强工作面的通风管理，开采时尽量减少浮煤，回采工作面停采后必须积极组织工作面和巷道的回撤工作，最好在发火期内完成，并及时封闭采空区。同时采取必要的自然发火预报措施，及时发现自燃隐患，才能防患于未然。

3 煤层自然发火危险程度的综合评价

评估预测煤层自然发火危险性是为了揭示煤层自然发火的规律，以采取相应的技术手段，控制煤炭自燃，减少损失，实现安全生产。

近20年来，为消除煤炭自燃火灾的发生，世界各相关研究机构均对其产生的机理及其化学物理间的相互作用进行着深入的研究，以期开发出更为可靠的危险性评估方法，从而才能最大限度地采取预防措施消除其危害，防患于未然。

目前用于煤层自然发火危险性评估的方法已在不同程度上综合考虑了煤的自燃倾向性的内在因素，以及外在的开采条件。但在多指标综合评判中，一般采用加法形式的综合评判函数，各指标的作用没有本质上的差异而可以相互线性地补偿；同时，其评判指标中的外在因素不仅是固定的而且其权值均是一个主观给定的精确值，忽略了由于开采技术的不同造成各种因素权值的波动，这就很难适应煤层开采中千变万化的实际情况。因此需要寻求一种实用性强、准确性高、简单、易操作的评估方法，实现煤层自然发火危险性评估的客观性和公正性，指导安全生产，同时能对未来开采煤层的设计提供参考。

3.1 煤层自然发火危险性评估指标的基础

由煤的自然发火基本条件可知，煤由常温到自燃是有它的内因和外因的。首先，煤具有自燃的倾向性，据研究，煤的自燃倾向性主要取决于煤在常温下的氧化能力和物理特性。所以在外部条件下，有的煤能自燃，有的则不能。但是有同样自燃倾向性的煤层，在不同的生产技术条件下，有的发生自燃，有的则没有发生，这是由于外部条件所致。因此，对煤层自然发火的危险性评估需要考虑以下5个方面：

（1）煤层的自燃倾向性。煤的自燃倾向性是煤的一种自然属性。它取决于煤在常温下的氧化能力，是煤层发生自燃的基本条件。煤的自燃倾向性集中反映了煤化程度、煤的水分、煤岩成分、煤的含硫量、煤的孔隙度与脆性等对煤的自燃倾向的影响。

（2）煤层的地质赋存情况。地质因素对自然发火的影响主要是使有自燃倾向性的煤层在开采过程中增加发火危险程度。对自然发火产生影响的地质因素主要有：煤层厚度、煤层倾角、地质构造、顶板性质等。

（3）煤层的开采技术因素。生产实践表明，合理的开拓系统与开采方法对于防止自燃火灾起决定性的作用。因此可以说，开采技术因素是影响煤层自然发火直接的或主要的因素。对于自燃倾向性强、自燃火灾严重的煤层，从防止自燃火灾角度出发对开拓、开采的要求是：最小的暴露面、最大的煤炭回收率、最快的回采速度、易于隔绝的采空区。影响自然发火的开采技术因素有：开拓巷道布置、区段巷道布置、区段巷道掘进、采煤方法、回采速度、有无煤柱、回采方向、回采顺序、顶板管理等。

（4）通风技术。通风良好可以带走煤炭氧化生成的热量，堵塞漏风则会使煤炭缺氧而抑制发热。只有在一定的通风状况下，才能发生自燃。它包括通风管理和通风系统两个方面。

（5）预防措施。连续监测是预防自然发火的首要前提，预防性灌浆是防止自然发火的传统措施，也是最有成效、稳定可靠的措施。其作用：一是隔离；二是隔热。其他有效措施还有阻化剂防火、均压防火等。

综上所述，煤炭的自然发火是煤的内在特性（包括煤自然物理特征和埋藏地质条件）和开采通风技术及预防措施共同作用的结果，以此为基础，至今已研究出多种煤层自然发火危险性评估的预测方法。

3.2 煤层自然发火危险性的综合评估分类

尽管有大量的实验方法可用来对自燃倾向性进行分类，但煤层的自然发火的发生和发展，是很多因素共同影响、相互作用的结果，包括内在因素和外在因素，而且在某些情况下，外在因素甚至起着关键性作用，它在很大程度上是可以由人来控制的。因此上述分类方法没有哪一种能够综合考虑影响煤炭自然发火的各种因素。在实验室条件下无法模拟井下的条件，所以不能只用单一的某个或某组数据来对煤的自然发火危险性进行分类评价。为了对井下煤层的自然发火危险性进行真实的评估分类，许多研究者综合了煤的自燃倾向性和煤层开采条件等外在的影响因素。

3.2.1 潜伏期法

对煤层自然发火危险性综合分类，最实用和最简单的方法即为“潜伏期法”。通常将潜伏期定义为煤层最初暴露于采区风流中到第一次发现自热征兆的时间。潜伏期与危险性分级的关系如表 3-1 所示。对于低品位的煤层潜伏期通常为 3 ~ 6 个月，有的甚至已被许多国家用来作为对煤层自然发火危险性分类的辅助指标。但是此方法的局限性是无法实现在煤层开采之前对煤层自然发火危险性进行综合评价预测。早期的这种方法主要靠经验和现场统计进行粗略的估计，因此有时误差很大，后来各国用自然发火实验台模拟法来预测，先后建立了模拟煤层自燃过程的大型自然发火实验台（其中法国的实验台装煤 5t，美国的 30t，前苏联的 4t，英国的 1t，日本的 0. 3t，新西兰的 0. 17t，中国的 0. 85t 和 0. 4t），根据实验台实验结果，分析预测实际开采条件下煤炭自燃危险程度。该技术较好地模拟了煤炭实际条件下的自燃过程，其测试的自燃倾向性与实际情况基本相符，但该实验模拟预测技术模拟条件单一，不能完全适应煤矿井下复杂多变的条件，而且实验模拟工作量大、周期长、耗资大、影响干扰因素多，实验难于控制。

表 3-1 潜伏期与危险性分级的关系

危险性分级	潜伏期/月
低危险性	>18
中危险性	9 ~ 18
高危险性	3 ~ 9
非常危险性	0 ~ 3

3.2.2 Feng、Chakravorty 和 Cochrane 方法

这种方法采用下面的公式来计算煤的自然发火危险性指数：

危险性指数=煤的自燃倾向性指数×环境指数

其中，环境指数主要包括煤的丢失、裂隙程度以及通风压力等因素，也主要是靠经验和主观估计。煤的自燃倾向性指数是通过交叉点温度得来的，其公式为：煤的自燃倾向性指数=煤在110~120 ℃时的平均升温率/交叉点温度×1000。其分类如表3-2所示，这种方法因其环境指数没有把很多因素考虑进去而未被广泛地应用，但该方法为定量地综合煤层的内在因素和开采因素对煤层的自然发火危险性进行综合评价分类奠定了基础。

表3-2 Feng、Chakravorty和Cochrane定量综合分类法

危险性指标	指数分级
0~10	低危险性
10~20	中危险性
20~40	高危险性

3.2.3 Olpinski方法

Olpinski方法是根据波兰煤矿的经验，同时考虑煤的内在特性和外在开采条件对煤自然发火的作用按照下面的公式来划分煤的自然发火危险性等级。

$$P = S_x b + (S_1 + S_2 + S_3 + S_4 + S_5 + S_6 + S_7)$$

式中 P——自然发火危险性指数；

$S_x b$——煤的自燃倾向性；

S_1——留于采空区的煤；

S_2——开采方法；

S_3——通风方式；

S_4——漏风范围；

S_5——煤的湿度；

S_6——煤层的深度；

S_7——通风强度。

$S_x b$是通过实验数据得到的，而其他7种因素则基于经验估计而来。如果$P<120$被认为是安全的，则$P>120$则被认为是危险的。

由于此方法主要是基于经验，所以没有得到广泛的应用。

3.2.4 Bystron 和 Urbanski 方法

Bystron 和 Urbanski（1975）设计了一种按表3-3 所列各因素来评估煤堆的自然发火危险性的方法。内在因素和外在因素均被考虑进去。但由于这种方法基本上是主观判断，因此在解决实际问题时只是作为参考。

表3-3 Bystron 和 Urbanski 方法中的评估因素

因素		因素的权值
内因	（1）煤的等级	+1 ~ +8
	（2）煤的粒级	0 ~ +7
	（3）煤的灰分	0 ~ -2
外因	（1）周围环境	0 ~ +2
	（2）堆积方法	+8 ~ -25
	（3）煤堆的尺寸	0 ~ +10
	（4）煤堆的高度	-5 ~ +8
	（5）煤堆上的装置	0 ~ +6
	（6）存放时间	+10 ~ -1
	（7）监测方法	+5 ~ -10

3.2.5 修正过的 Bystron 和 Urbanski 方法

根据1975 年 Bystron 和 Urbanski 提出的方法，Atkinson、Singh 和 Yurney 于 1986 年将绝热升温测试结果与 Feng、Chakravorty 和 Cochrane 方法以及潜伏期方法进行综合考虑，即将绝热升温测试中的 IPT 和 TTR 与外在的主观定量因素相结合，从而形成了目前英国和澳大利亚较常用的一种对煤层自然发火危险性进行综合评价分类的方法。

表3-4 为煤层自然发火危险性评估标准。表3-5 为自然发火危险性分类方法。

表3-4 煤层自然发火危险性评估标准

影响自燃的因素	因素分级		因素的权值
内因	煤组—低倾向性：初始升温率<0.6℃/h，总温度上升值0~2.5℃		+1
	煤组—中等倾向性：初始升温率<0.6~1.2℃/h，总温度上升值2.5~4.5℃		+2
	煤组—高倾向性：初始升温率<1.2~2.0℃/h，总温度上升值4.5~7.0℃		+4
	煤组—非常高倾向性：初始升温率>2.0℃/h，总温度上升值>7.0℃		+8
外因	煤的粒级	细煤	0
		薄煤留于采空区	+2
		厚煤留于采空区	+5
	灰分/%	<20	0
		21~30	-1
		>30	-2
	采空区的支护方式	冒落的采空区	0
		悬顶采空区	+4
	开采方法	传统的巷帮充填长壁开采法	+8
		长壁前进式，泵使充填（破碎顶板+3）	+4
		长壁后退式	+1
		长壁后退，房柱式巷道	+8
	煤层回收率	整层开采	0
		留0.3~0.5m顶煤	+5
		留>0.5m顶煤	+8
	煤层厚度	<1.5m	-1
		1.5~3.0m	+2
		>3.0m	+3
		厚煤层分层开采	+8
	日进度	<1.0m	+5
		1.5~2.5m	+2
		>2.5m	0
	监控措施	无监控	+5
		常规监控	-2
		连续监控	-7

表 3-5　自然发火危险性分类方法

各因素总权值	基于内在和外在因素的综合危险性级别	潜伏期/月
1～10	低危险性	>18
11～20	中危险性	9～18
21～40	高危险性	3～9
>40	非常高危险性	0～3

3.2.6　模糊聚类分类法

煤矿实际情况极为复杂，难于把影响煤层自燃危险程度的各种因素尽可能多地加以兼顾，且各种因素存在许多不确定性，难以用经典数学的方法定量化。因此，为预测实际开采条件下煤层的自燃危险性，我国和美国根据影响煤层自燃危险程度的内、外因素——煤的自燃倾向性、地质赋存条件、通风条件、开采技术因素和预防措施等，进行主观判断，分析评分，然后应用模糊数学理论，逐步聚类分析，根据标准模式计算聚类中心，对开采煤层自燃危险程度进行综合评判预测。但是这种方法带有一定的随机性与模糊性，尤其是其聚类中心的确定标准据不同的情况有不同的标准。

3.2.7　神经网络法

王洪德等人以自然发火危险性指标为输入点，以危险性判定集为输出，用 BP 算法建立火灾预测模型，使影响自燃火灾的各指标间权重分配较为客观准确。由于神经网络的方法需要大量的样本进行训练，且生产实践中影响煤的自然发火的因素众多且复杂，因此该方法也很难推广应用到现场实际中。

3.2.8　目前煤层自然发火危险性评估的现状

综上所述，综合评价分类方法已在不同程度上综合考虑了煤的自燃倾向性的内在因素，以及外在的开采条件。但是现有的多指标综合评判中，一般采用加法形式的综合评判函数，各指标的作用没有本质上的差异而可以相互线性地补偿；同时，其评判指标中的外在因素的权值均是一个主观给定的精确值，忽略了由于开采技术的不同造成各种因素权值的波动，这就很难适应煤层开采中千变万化的实际情况；而潜伏期法、神经网络法以及模糊数学等综合评估方法也由于自身方法的局限性而难于推广。因此本书力图建立一套能从总体上客观评价煤层自然发火危险性的系统，根据前人长期的经验，对影响煤层自然发火危险程度的内外因素，用确信度的方法表达各评价因素的作用。同时，运用概率论和专家系统的知识，使得这种多因素评估系统更能反映事物的真实性，最后借助于计算机语言实现一个简单实用的危险性评估系统。

3.3 煤层自然发火危险程度指标体系的建立

为了对煤层样本进行合理分类，保证预测的精确性，应将反映煤层自燃的各种特性数量化，这种数量化的性质称为样本的指标。煤炭自燃的发生和发展，是很多因素共同影响、相互作用的结果。这些因素包括内在因素和外在因素，而且在某些情况下，外在因素甚至起着关键性作用，它在很大程度上是可以由人来控制的。

煤炭的自燃倾向性是煤的一种自然属性。它取决于煤在常温下的氧化能力，是煤层发生自燃的基本条件。在现实生产中，一个煤层、矿井或开采区段在回采期间自然发火的危险程度并不完全取决于煤的自燃倾向性，在一定程度上还受煤层的地质条件、开拓、开采和通风条件的影响。这里选取煤的自燃倾向性、地质赋存条件、开采技术因素、通风因素和预防措施等5个方面作为煤层样本的指标。

3.3.1 煤的自燃倾向性指标体系的建立

煤的自燃倾向性的鉴定，对于掌握其自燃火灾的发生规律，以针对性地采取防火措施和保证矿井安全生产具有重要的意义。因此，我国《煤矿安全规程》要求对所有煤层均应进行自燃倾向性鉴定。大多数国家都把鉴定煤的自燃倾向性作为预测矿井煤炭自然发火危险程度的重要方法。

煤的自燃倾向性集中反映了煤的变质程度、煤的水分、煤炭成分、煤的含硫量、煤的粒度、煤的瓦斯含量、煤的孔隙度、导热性等对煤的自燃倾向的影响。

3.3.2 煤层地质赋存条件评价指标体系的建立

地质因素对自然发火的影响主要是使有自燃倾向性的煤层在开采过程中增加发火危险程度。对自然发火产生影响的地质因素主要是：

（1）煤层厚度。煤层厚度越大，自燃危险性越大，其原因是：难以全部采出，遗留大量浮煤与残柱，煤炭回收率低；采区回采时间过大，大大超过了煤层的自然发火期；开采压力大，煤壁受压容易破裂，采空区不易封闭严密，漏风较大。

（2）煤层倾角。煤层倾角越大，自燃危险性越大。这主要是因为倾斜煤层顶板管理困难，采空区不易充严，煤柱也难留住，造成漏风大。

（3）地质构造。煤层地质变动较大的地区，煤层自然发火的可能性也较大，地质构造复杂程度不同，影响也不同，但对复杂的地质构造，还应考虑其综合影响。

（4）煤层埋藏深度。煤层赋存太浅或太深都会增加火灾危险性。开采深度小，顶板冒落后形成裂隙容易与地表相通，构成漏风通道，有利于煤层自然发火。随着开采深度增加，通风压力增加，采空区和煤柱的漏风量也随之增加；地压和煤体的原始温度增加，降低了巷道的稳定性，加快了氧化反应速度；煤内自然水分的减少，增加了煤的自燃危险性。

（5）煤层距离。近距离煤层同时开采，不但受到错距和时间的影响，而且还受到顶板方向的煤夹层、煤层或一层采空区中浮煤和本层采空区浮煤的叠加影响。

（6）顶板性质。坚硬的煤层顶板不易冒落，煤柱最易受压破裂，而且采空区难以冒落充填密实，冒落后有时还会形成一相邻采空区甚至与地面连通的裂隙，这就为自然发火提供了充分的条件。相反，如果顶板易于跨落，能够严密地充填采空区并很快地被压实，火灾即不易形成，即使发生，规模也不会很大。

3.3.3 开采技术因素评价指标体系的建立

煤层自燃危险程度取决于促使煤炭自燃的内在因素——自燃倾向

性的强弱，又在很大程度上受煤层自燃内外因素的制约，包括地质因素和开采技术因素的影响。生产实践表明，合理的开拓系统与开采方法对于防止自燃火灾起着决定性的作用。因此可以说，开采技术因素是影响煤层自然发火直接的或主要的因素。对于自燃倾向性强、自燃火灾严重的煤层，从防止自燃火灾角度出发，对开拓、开采的要求是：最小的暴露面、最大的煤炭回收率、最快的回采速度、易于隔绝的采空区。影响自然发火的开采技术因素有：

(1) 开拓巷道布置。对于自燃煤层，特别是自然发火严重的厚煤层或近距离煤层群，开拓巷道如果布置在煤层中，由于要留下大量的护巷煤柱，而且煤层受到严重切割，开采后煤柱受压破裂，煤层与空气接触面积大，必定会增加自然发火的几率。所以，开拓巷道切割煤层和留煤柱多少，影响矿压的作用和煤层的破坏程度，影响自然发火的危险性。

(2) 区段巷道布置。近水平或缓水平特厚煤层分层开采，区段巷道的布置过去有内错式和外错式两种基本形式。这两种布置方式对防止采空区浮煤自燃都有一些不利的因素。

(3) 区段巷道掘进。在易于自燃的倾斜煤层和急倾斜煤层，一般都是上区段运输巷和下区段回风巷同时掘进，而且两巷之间还要开一些联络眼。随着工作面的推进，这些联络眼连同区段煤柱遗留在采空区内。在这种情况下联络眼很难严密封闭，煤柱极易受压破碎，从而形成老空区自燃。

在倾斜易自燃煤层单一长壁工作面和自燃煤层的区段巷道分采分掘布置，避免上区段运输巷和下区段回风巷同时掘进，两巷之间联络巷在采空区中由于难以严密封闭也可引起自燃。

(4) 采煤方法。合理的采煤方法能够提高矿井的抗自燃能力。采煤方法对自燃的影响主要表现在煤炭回收率的高低、回采时间的长短及其集中程度、回采速度、顶板管理方法、煤层切割情况、煤柱破坏程度、采空区封闭的难易等。

(5) 回采速度。工作面推进速度是影响采空区自燃的关键。回采工作面正常推进时间可以减少回采工作面的新鲜风流漏入采空区，避免造成连续定点供氧条件，引起采空区的浮煤自燃。

(6) 有无煤柱。采用无煤柱的方法采煤，可消除自然发火的根源。

(7) 回采方向。采用前进式回采程序开采一个采区比用后退式回采程序的漏风大（采用巷旁充填带的沿空巷无煤柱采煤法除外），因此，开采自燃煤层的采区，一般都采用后退式回采程序。后退式回采程序的另外一些优点是它对上下顺槽煤柱的压力较小，遗留在采空区的煤炭受到矿井空气的作用时间较短，而且也易于隔离采空区。

(8) 回采顺序。坚持正常的回采顺序，可以使采空区或煤柱两端压差最小，从而降低漏风量。

(9) 顶板管理。科学的顶板管理方法，可以改善采空区漏风带的空气动力特点，缩小自燃带或漏风带宽度，减少采空区漏风量。

(10) 煤的易碎性。煤体破裂与自燃之间的联系首先在于沿地质结构面产生大量裂隙，裂隙充满煤粉与碎屑，也是空气供给的通道。裂隙网互相连接，漏风风流通过，但风量过小不易将氧化生成的热量带走，为此便出现热量积蓄、煤的氧化过程加速、温度上升的现象。煤体沿地质结构面碎裂成块状体对自燃的发生最为有利，因为这些面上原来就存在着大量细碎的煤体（如丝煤）或者黄铁矿充填物。丝煤的自燃性最强，黄铁矿也是自燃的积极发动者。破碎的煤块在位移中相互摩擦而产生大量的煤粉与黄铁矿粉末，尤其在空气潮湿时，自燃可能性更大。

3.3.4 通风因素评价指标体系的建立

3.3.4.1 通风管理

通风良好可以带走煤炭氧化生成的热量，堵塞漏风则会使煤炭缺氧而抑制发热。只有在一定的通风状况下，才能发生自燃。

通风因素的影响主要表现在采空区、煤柱和煤壁裂隙的漏风。漏风就是向这些地点供氧，促进煤的氧化自燃。采空区面积大，漏风量相当可观，但风速有限，散热作用低。在工作面两巷（回采工作面的运输巷和回风巷）一线（停采线）、过断层地带、煤层变薄跳面的地方有大量浮煤堆积，最易发生自燃。选择合理的工作面通风系统，减少其两侧的压差，合理地调节矿井的通风阻力，可以大大减少矿井自燃。改变矿井扇风机的工作制度，调整扇风机的工作状况时，必须充分考虑到与煤炭自燃的关系。

3.3.4.2 通风系统

开采自燃煤层时，合理的通风系统可以大大减少或消除自然发火的供氧条件，无供氧蓄热条件的煤是不会发生自燃的。合理的通风系统应该是：矿井通风网络结构简单，风网阻力适中（3MPa 以下），主扇与风网匹配，通风设施布置合理，通风压力分布适宜。

3.3.5 预防措施评价指标体系的建立

以下三种措施对预防自燃火灾均有重要影响：

（1）预防性灌浆。这是防止自然发火的传统措施，也是最有成效、稳定可靠的措施。其作用：一是隔离；二是隔热。

（2）阻化剂防火。利用某些能够抑制煤炭氧化的药剂喷洒于煤壁、采空区或注入煤层燃体内以抑制或延缓煤炭氧化，达到防止自然发火的目的。

（3）均压防火。这是均衡漏风通道进出口两端的风压，以杜绝或减少漏风的措施。减少或杜绝通往有遗煤堆积区域的漏风，既可以防火也可以灭火。均压效果的好坏，对防止自燃火灾的发生也有重要影响。

3.4 模糊聚类分析

采区煤层煤炭自然发火危险程度的综合评价预测的目的是揭示煤炭自燃的规律，以采取相应的技术决策，控制煤炭自燃，减少损失，实现安全生产。

为便于对开采煤层制定相应的防治煤炭自燃的措施，人们希望能在一定的范围内，把自燃危险程度相似的采区煤层归类。但由于影响采区煤层自燃的因素难以定量描述，而且这种分类又具有模糊性，要客观地对采区煤层自燃进行分类并不容易。因此，对系统精确的数学刻画是十分困难的。鉴于煤矿的情况极为复杂，难于把影响煤层自燃危险程度的各种因素尽可能多地加以兼顾；再者由于存在许多不可预测的因素，因而在实际中，要对某一条件进行有效、准确、完全的控制是有困难的。同时由于煤层赋存条件和开采技术因素的影响，国内外至今还难以用经典数学的方法将各种指标定量化。为此，本章根据前人长期积累的经验，对影响煤层自然发火危险程度的内外因素，用评分的方法表达各评价因素的差异。同时根据模糊数学逐步聚类分析的思想，建立标准模式，采用模式识别方法进行分类，以判定采区煤层自然发火的危险程度。

根据煤层自然发火影响因素分析，设影响煤层自然发火危险程度评价因素为 U，它包括22个因素：等级、煤厚、倾角、构造、深度、间距、顶性、开拓、区巷、区掘、采法、采速、煤柱、采向、采序、顶管、煤碎、通管、通系、灌浆、阻化、均压。即 $U = \{u_1, u_2, \cdots, u_{22}\}$。

影响煤层自然发火危险程度评价指标难以定量描述，而且这种定量评价仍很模糊，加之涉及多因素综合评价问题，为便于分析，考虑用评分的方法来表述影响煤层自然发火危险程度评价指标的差异。

设评分集 $X = [0,20]$ 为一连续的实数空间，并设 x 属于 X 为对 U 中的某因素的评分，分数的大小只反映程度的不同。分数越大则说明该因素越有利于自燃，反之则不利于自燃。由于构成各因素评分依据的模糊性，这种评分不能精确和唯一，即对应一个范围。为简化计算，用单一数值表示评分指标。

按上述的综合评价方法和通常的分类方法，将影响煤层自燃危险程度评价指标及其分数值列于表3-6。

表3-6 煤层自燃危险程度评价指标及其分数值

因素	序号	分类	a	b	c	d
自燃倾向性	1	等级	不自燃(Ⅲ)	可能自燃(Ⅱ)	自燃(Ⅱ)	容易自燃(Ⅰ)
		得分	+5	+10	+15	+20
地质因素	2	煤厚	<1.3m	1.3~3.5m	3.5~5m	>5m
		得分	+5	+10	+15	+20
	3	倾角	<10°	10°~25°	25°~45°	>45°
		得分	+5	+10	+15	+20

续表 3-6

因素	序号	分类	a	b	c	d
地质因素	4	构造	简单	较简单	较复杂	复杂
		得分	+5	+10	+15	+20
	5	深度	300~500m	500~800m	<300m；>800m	
		得分	+5	+10	+20	
	6	间距	基本不受采动影响	受采动影响	受采动影响大，冒落有煤落入	
		得分	+5	+10	+20	
	7	顶性	不稳定	中等稳定	稳定	坚硬
		得分	+5	+10	+15	+20
开采技术因素	8	开拓	开拓巷道布置在岩石中	开拓巷道布置在半煤岩中	开拓巷道布置在煤层中	
		得分	+5	+10	+20	
	9	区巷	单一布置	内外错布置	重叠布置	
		得分	+5	+10	+20	
	10	区掘	单一掘进	分采分掘	分采同掘	
		得分	+5	+10	+20	
	11	采法	回采快回收率高易封闭采法	一般长壁采煤法	回采慢回收率低采煤法	
		得分	+5	+10	+20	
	12	采速	能正规循环	基本能正规循环	不能正规循环	
		得分	+5	+10	+20	
	13	煤柱	无煤柱开采	有煤柱开采		
		得分	+5	+20		
	14	采向	后退式开采	前进式开采		
		得分	+5	+20		
	15	采序	符合正常开采顺序	违反正常开采顺序		
		得分	+5	+20		

续表 3-6

因素	序号	分类	a	b	c	d
开采技术因素	16	顶管	全部充填法	全产陷落法或局部充填法	缓慢下沉法	刀柱管理法
		得分	+5	+10	+15	+20
	17	煤碎	煤体不易破碎	煤体易破碎		
		得分	+5	+20		
通风因素	18	通管	效果良好	效果一般	效果较差	
		得分	+5	+10	+20	
	19	通系	合理	基本合理	不合理	
		得分	+5	+10	+20	
预防措施	20	灌浆	效果良好	效果一般	效果较差	
		得分	+5	+10	+20	
	21	阻化	效果良好	效果一般	效果较差	
		得分	+5	+10	+20	
	22	均压	效果良好	效果一般	效果较差	
		得分	+5	+10	+20	

各煤层样本以及描述煤层样本指标参数的收集是进行聚类分析的基础。为保证聚类分析结果符合实际，提高预测的可靠性和准确性，我们以采自荆各庄矿 9 煤层各采区煤层作为样本，运用逐步聚类分析法进行分析。表 3-7 是各采区煤层与自燃可能性有关的各分类具体情况。表 3-8 是该矿 9 煤层各采区煤层自燃危险程度分类及其数据标准值。

表 3-7 各采区煤层自燃因素分类情况

分类因素及因素标准化值	东二水平 2394	东二水平 2395	西一水平 1493	南二水平 2099	西一水平 1490	西一水平 1297
序号	1	2	3	4	5	6
等级	c 1.00	c 1.00	b 0.75	b 0.75	b 0.75	c 1.00

续表 3-7

分类因素及 因素标准化值	东二水平 2394	东二水平 2395	西一水平 1493	南二水平 2099	西一水平 1490	西一水平 1297
煤厚	b 0.50	d 1.00	d 1.00	d 1.00	d 1.00	d 1.00
倾角	b 0.50	b 0.50	b 0.50	b 0.50	a 0.25	b 0.50
构造	c 0.75	c 0.75	d 1.00	b 0.50	c 0.75	d 1.00
深度	a 0.25	a 0.25	c 1.00	a 0.25	c 1.00	c 1.00
间距	a 0.25	a 0.25	a 0.25	a 0.25	a 0.25	a 0.25
顶性	c 0.25	c 0.25	c 0.75	c 0.25	c 0.75	c 0.50
开拓	c 1.00	c 1.00	c 1.00	c 1.00	c 1.00	c 1.00
区巷	b 0.50	b 0.50	b 0.50	b 0.50	b 0.50	a 0.50
区掘	b 0.50	b 0.50	b 0.50	b 0.50	b 0.50	b 0.50
采法	b 0.50	b 0.50	b 0.50	b 0.50	b 0.50	b 0.50
采速	a 0.25	a 0.25	a 0.25	a 0.25	a 0.25	a 0.25
煤柱	b 1.00	b 1.00	b 1.00	b 1.00	b 1.00	b 1.00
采向	b 1.00	b 1.00	b 1.00	b 1.00	b 1.00	b 1.00

续表 3-7

分类因素及因素标准化值	东二水平 2394	东二水平 2395	西一水平 1493	南二水平 2099	西一水平 1490	西一水平 1297
采序	a 0.25	a 0.25	a 0.25	a 0.25	a 0.25	a 0.25
顶管	b 0.50	b 0.50	b 0.50	b 0.50	b 0.50	b 0.50
煤碎	b 1.00	b 1.00	b 1.00	b 1.00	b 1.00	b 1.00
通管	a 0.25	a 0.25	b 0.50	a 0.25	b 0.50	b 0.50
通系	b 0.50	b 0.50	b 0.50	b 0.50	b 0.50	b 0.50
灌浆	b 0.50	b 0.50	b 0.50	b 0.50	b 0.50	b 0.50
阻化	a 0.25	a 0.25	a 0.25	a 0.25	a 0.25	a 0.25
均压	b 0.50	b 0.50	b 0.50	b 0.50	b 0.50	b 0.50

3.4.1 数据的处理

由于在实际问题中得到的数据比较复杂，必须先对数据进行预处理，变成［0，1］闭区间里的数，才能构造模糊关系矩阵，为此，首先要把各原始数据标准化。从统计表中可知，分类的对象有 $k(k=1,2,\cdots,6)$ 个，对这些对象的主要影响因素，一共可以取得 k 个综合原始数据 X_k。

为了把这些数据标准化，变成［0，1］之间的数，为此需要采用极值标准化公式，其计算公式为：

$$X_{ki}=\frac{X_i-X_{i\min}}{X_{i\max}-X_{i\min}} \tag{3-1}$$

其中：
$$X_{i\min}=0;\ X_{i\max}=2$$

故：
$$X_{ki}=\frac{X_i}{20} \tag{3-2}$$

按式3-2逐一求得各个［0，1］之间的标准化值数据 X_{ki} 的值，列于表3-8中。

表3-8 各采区煤层自燃危险程度分类及其数据标准值

元 素	序号	自燃倾向标准化值 XH1	地质因素标准化值 XH2	技术因素标准化值 XH3	通风因素标准化值 XH4	预防措施标准化值 XH5
2394	1	1.00	0.42	0.65	0.38	0.42
2395	2	1.00	0.50	0.65	0.38	0.42
1493	3	0.75	0.75	0.65	0.50	0.42
2099	4	0.75	0.46	0.65	0.38	0.42
1490	5	0.75	0.67	0.65	0.50	0.42
1297	6	1.00	0.71	0.65	0.50	0.42

3.4.2 逐步聚类分析法的基本思想

对于有些分类问题，一个样本是否属于某个类不是很分明的。有时从某些特征考虑应属于这一类，而从另外的一些特征考虑则又好像应该属于另一类。借助于模糊集合理论，可以认为一个样本可以同属于几个不同的类，以其从属的可能程度作为隶属函数。因此，样本可以视为类的集合上一个模糊子集，而类又可以视为样本集 X 上的模糊集合。于是所对应的分类矩阵 A 是一个模糊关系矩阵。

A 中的元素 a_{ij} 满足如下条件：

（1）$0\leqslant a_j\leqslant 1$；

（2）$\sum_{i=1}^{c} a_{ij}=1$，即每列的元素之和为1，对一个样本而言，它对各类的隶属度之和等于1，表示每个样本 x_i 必属于一类且仅属于一类；

（3）$\sum_{j=1}^{n} a_{ij} > 0$，即保证每一类$A_i$至少有一个样品。

模糊分类矩阵A代表了对X的一个软划分。显然，对一个样本集合X作一个C类划分有无限多种分法。为了在X上做一个最佳分类，采用如下的聚类判据：

$$J(A,V) = \sum_{i=1}^{c}\sum_{j=1}^{n}(a_{ij})^r \| x_j - v_i \|^2 \tag{3-3}$$

聚类的准则是求出分类矩阵A及聚类中心矩阵V，使得式3-3所表示的泛函J（A，V）取得极小值（参数r是为了灵活变动x_j对A_i的隶属度）。

式3-3中的参数r越大则分类越模糊，一般取$r\geqslant 1$。$\|\cdot\|$是R^n空间中任一种范数。一般说来，这个问题的求解是很困难的。Dunn和Bezdek证明了退化的c-模糊划分空间中，目标函数J（A，V）的最优化问题是可解的，Bezdek给出了当$r\geqslant 1$且$x_j \neq v_i$时求解最优解A的迭代算法。关于分类矩阵元素a_{ik}和各聚类中心v_i的计算公式为：

$$a_{ik} = \left[\sum_{j=1}^{c}\left(\frac{\| x_k - v_i \|}{\| x_k - v_j \|}\right)^{1/(m-1)}\right]^{-1} \quad （任给 i,k） \tag{3-4}$$

$$v_i = \frac{\sum_{k=1}^{n}(a_{ik})^r x_k}{\sum_{k=1}^{n}(a_{ik})^r} \quad （任给 i） \tag{3-5}$$

具体计算步骤如下：

（1）取定c：$2\leqslant c\leqslant n$。取初值$A^{(0)}$（c-模糊划分矩阵），逐步迭代，$l=0$，1，2，…。

（2）计算l步中心矩阵：

$$V^{(l)} = \begin{bmatrix} v_1^l \\ v_2^l \\ \vdots \\ v_c^l \end{bmatrix} = \begin{bmatrix} v_{11}^l & \cdots & \cdots & v_{1m}^l \\ v_{21}^l & \cdots & \cdots & v_{2m}^l \\ \cdots & \cdots & \cdots & \cdots \\ v_{c1}^l & \cdots & \cdots & v_{cm}^l \end{bmatrix}$$

(3) 按式3-5修正$A^{(l)}$。

(4) 用一个矩阵范数$\| * \|$比较$A^{(l+1)}$与$A^{(l)}$，对取定的$\varepsilon>0$，若$\| A^{(l+1)} - A^{(l)} \| \leqslant \varepsilon$，则停止迭代，否则取$l$为$l+1$，转向第(2)步。

在本章中，选取的矩阵范数为$\| A^{(l+1)} - A^{(l)} \| = \max | a_{ij}^{(l+1)} - a_{ij}^{(l)} |$，这里$\varepsilon$是预先指定的一个很小的数，如0.01、0.001、0.0001等。ε越小，计算结果越精确，但是计算量也越大。

3.4.3 标定（建立模糊相似关系）

为了构造模糊关系矩阵，根据各被分类对象的标准化数据，算出被分类对象间的相似程度a_{ij}，这一步骤叫作标定。这里i指被分类对象的编号，j指样本对象的编号。于是可以确定模糊关系矩阵：

$$A = \langle a_{ij} \rangle_{3\times t} = \begin{bmatrix} a_{11} & a_{12} & \cdots & a_{1t} \\ a_{21} & a_{22} & \cdots & a_{2t} \\ a_{31} & a_{32} & \cdots & a_{3t} \end{bmatrix}$$

为了使分类清晰明了，将影响煤层自然发火危险程度的主要因素：煤的自燃倾向性、地质因素、开采技术因素、通风因素和预防措施等分别归结简化为各自的总得分，从而获得符合自然客观规律的评价煤层自然发火危险程度指标。

3.4.4 聚类

首先通过聚类分析将表3-7中所有煤层样本$x = \{x_1, x_2, \cdots, x_t\}$按自燃危险性的程度分类。为了管理方便，满足预测要求和生产实际需要，考虑实际影响情况和通常的分类原则，拟定将煤层样本分成三类：1类——极易自燃；2类——容易自燃；3类——可能自燃煤层。

在限定将收集的煤层样本分成三类的情况下运用逐步聚类法。先根据专家的实际经验将各采区煤层样本作最初分类，即初始软划分矩阵为：

$$A = \begin{bmatrix} 0.40 & 0.30 & 0.10 & 0.10 & 0.10 & 0.30 \\ 0.40 & 0.50 & 0.60 & 0.50 & 0.50 & 0.50 \\ 0.20 & 0.20 & 0.30 & 0.40 & 0.40 & 0.20 \end{bmatrix}$$

以表3-7中各采区煤层作为样本，其指标为各分类总得分，即样本：

$$x_k = (x_{k1}, x_{k2}, x_{k3}, x_{k4}, x_{k5}) \qquad (k=1,2,3,\cdots,6)$$

其中 x_{kj}为第 k 个采区煤层对应的第 j 个分量。

利用公式3-4和公式3-5进行迭代计算，取 $r=2$，$\varepsilon=0.01$，最终得到一个最佳分类。各采区煤层自燃危险程度聚类中心如表3-9所示。

表3-9 各采区煤层自燃危险程度聚类中心

分类	自燃倾向标准化值	地质因素标准化值	开采技术标准化值	通风因素标准化值	预防措施标准化值
极易自燃（1）	0.99	0.50	0.65	0.38	0.42
容易自燃（2）	0.85	0.61	0.65	0.45	0.42
可能自燃（3）	0.82	0.63	0.65	0.46	0.42

将表3-9中各行向量作为采区煤层自燃危险程度分类的标准模式。对于待分类采区煤层，采用模式识别方法进行分类。

记模式向量为：$v_i = (v_{i1}, v_{i2}, v_{i3}, v_{i4}, v_{i5})$

这里：$v_1 = (0.99, 0.50, 0.65, 0.38, 0.42)$

$v_2 = (0.85, 0.61, 0.65, 0.45, 0.42)$

$v_3 = (0.82, 0.63, 0.65, 0.46, 0.42)$

对于给定的采区煤层 $x_k = (x_{k1}, x_{k2}, x_{k3}, x_{k4}, x_{k5})$，$x_k$和 v_i的距离函数为：

$$\| x_k - v_i \| = \sum_{j=1}^{5} | x_{kj} - v_{ij} | \tag{3-6}$$

按与中心最近原则将模糊划分清晰化，即若：

$$\| x_j - v_i \| = \min_{1 \leqslant k \leqslant c} \| x_j - v_k \| \tag{3-7}$$

则将 x_j归入 A_i类。

3.4.5 样本的聚类检验分析

为检验模糊聚类方法在煤炭自燃危险性识别方面的正确性、适用性和可靠性，通过对荆各庄矿所属的现正在主要开采的三个煤层

（三个煤层的具体条件及标准化值如表3-10所示，其分类与数据标准化值如表3-11所示）进行聚类，计算结果见表3-12。由表3-12中所计算的数据，根据判断准则可知，9煤层属于极易自燃煤层，12煤层属于可能自燃煤层。根据矿井在开采中出现的自燃情况分析，所得结论与实际情况相符，表明用模糊聚类的方法来识别煤层的自燃危险程度是可行的。

表3-10 煤层分类元素及因素标准化值

分类元素及因素标准化值	序号	等级	煤厚	倾角	构造	深度	间距	顶性	开拓	区巷	区掘	采法
9煤层	1	d 1.00	d 1.00	b 0.50	d 1.00	c 1.00	a 0.25	c 0.75	c 1.00	b 0.50	b 0.50	b 0.50
12-1煤层	2	c 0.75	b 0.50	b 0.50	b 0.50	a 0.25	a 0.25	c 0.75	c 1.00	a 0.25	b 0.50	b 0.50
12-2煤层	3	b 0.50	c 0.75	b 0.50	c 0.75	a 0.25	a 0.25	c 0.75	c 1.00	a 0.25	b 0.50	b 0.50

分类元素及因素标准化值	序号	采速	煤柱	采向	采序	顶管	煤碎	通管	通系	灌浆	阻化	均压
9煤层	1	a 0.25	b 1.00	b 1.00	a 0.25	b 0.50	b 1.00	b 0.50	b 0.50	b 0.50	a 0.25	b 0.50
12-1煤层	2	a 0.25	b 1.00	b 1.00	a 0.25	b 0.50	b 1.00	a 0.25	b 0.50	b 0.50	a 0.25	b 0.50
12-2煤层	3	a 0.25	b 1.00	b 1.00	a 0.25	b 0.50	b 1.00	a 0.25	b 0.50	b 0.50	a 0.25	b 0.50

表3-11 煤层分类与数据标准化值

元　素	序号	自燃倾向标准化值 XH1	地质因素标准化值 XH2	技术因素标准化值 XH3	通风因素标准化值 XH4	预防措施标准化值 XH5
9煤层	1	1.00	0.75	0.65	0.50	0.42
12-1煤层	2	0.75	0.46	0.63	0.38	0.42
12-2煤层	3	0.50	0.54	0.60	0.38	0.42

表 3-12 煤层中心距计算结果

预测煤层 X	$\|x_i - v_1\|$	$\|x_i - v_2\|$	$\|x_i - v_3\|$
9 煤层	0.404	0.653	0.409
12-1 煤层	0.307	0.514	0.278
12-2 煤层	0.405	0.411	0.356

以煤的自燃倾向性指标、煤层地质赋存条件指标、开采技术因素指标、通风因素指标和预防措施作为评价指标，将煤层自燃危险程度分为三个等级：极易自燃、容易自燃和可能自燃，按照逐步聚类法的基本思想，对采自荆各庄矿煤层的样本进行标定、聚类，计算出煤层自燃危险程度的聚类中心。按与中心最近原则，对荆各庄矿现有的主要开采煤层（9 煤层和 12 煤层）进行了自燃危险程度的综合评价。经计算，所得结论与矿井实际情况相符，证明了模糊聚类方法在识别煤层自燃危险性识别上的应用是可行的。

4 煤层自然发火预测预报指标气体

煤炭自然发火是一个缓慢的氧化过程，随着氧化过程的发展，将产生一系列反映煤炭自燃特征的气体。随着煤温的升高，各种气体的产生量将发生显著变化。利用气体生成量的变化，可以进行煤炭自燃的早期预测预报。但是何种气体可以灵敏、准确地反映煤炭早期自燃的特征，这是目前国内外正在深入探讨研究的课题之一。

为了找出各矿煤层自燃的指标气体与煤层温度变化之间的关系，同时观察煤炭升温过程中氧化速度的变化规律，采用气体分析的方法，对各矿主采煤层的典型煤样进行人工加热升温模拟试验，并对实验数据进行分析对比，找出适合各矿煤层自然发火早期预测预报的指标气体。

4.1 煤氧化升温实验

4.1.1 实验系统

实验系统由煤加热氧化升温系统、气体进样和分析系统、数据处理系统等部分组成，实验系统实物照片见图4-1，实验系统结构框图见图4-2。

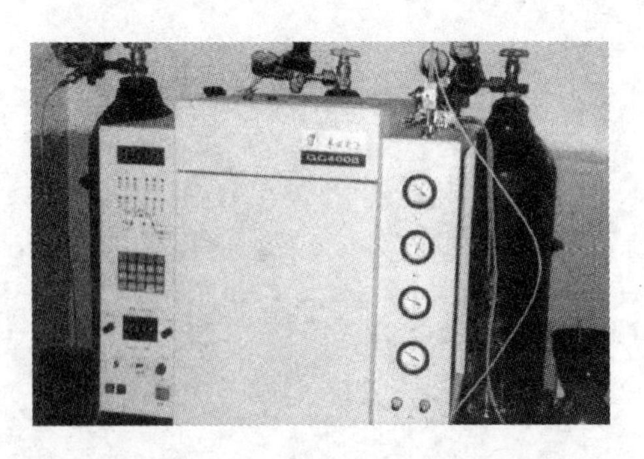

图4-1 实验系统实物照片

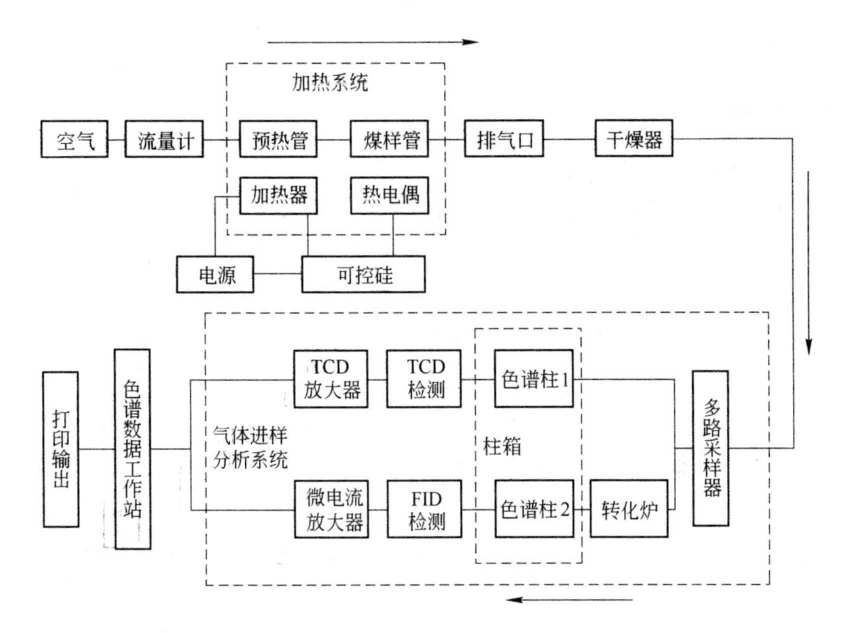

图4-2 实验系统结构框图

煤加热氧化升温装置是在煤炭科学研究总院重庆分院研制的智能型煤升温氧化试验炉的基础上进行改造而成的。煤升温氧化装置的关键是要把煤样准确加热到实验所需温度并能维持在该温度，使煤样在该温度内充分氧化，并且要求整个装置的气路简单、密闭。为此我们重点对该加热炉的气路进行了改造，增加了密封垫及密封圈。控温装置采用 AI 智能温度控制调节器。

气体进样和分析系统采用的是北京市东西电子技术研究所研制的 GC-4000 系列气相色谱仪，该仪器主要由电气控制单元、分析单元和气路控制单元组成。分析单元主要由色谱柱恒温箱、热导检测器恒温加热块、气化室加热块和转化炉等四部分组成。

数据处理系统采用的是北京市东西电子技术研究所开发的 A4800 型色谱数据处理工作站。A4800 型色谱数据处理工作站是一套完整的双通道/四通道色谱处理微机系统，各种参数设定采用人-机对话，由鼠标器及键盘进行控制，数据及谱图在显示器上显示，并可由打印机打印出谱图及报告。操作条件采用中文菜单提示，并可打印中文报告，使用方便。

4.1.2 实验条件

氧化炉：样品重量：2g；

样品粒度：60～80 目；

升温速率：1.5℃/min。

气相色谱仪：柱箱温度：95℃；

热导温度：100℃；

气化温度：150℃；

转化温度：360℃；

桥丝温度：130℃；

TCD：载气 H_2纯度 99.98%；

FID：N_2纯度99.99%，H_2纯度99.98%，空气尽量纯（除去微量有机物）。

4.1.3 气相色谱仪的工作原理

气相色谱法是以气体作为流动相的色谱法，各种色谱仪的分离原理大致相同，即当被分离的物质组分在流动相载气如 N_2、H_2或惰性气体的携带下，通过一个装有固定相（或是具有活性吸附剂或是在固定惰性胆体——涂有固定剂的填充物）的填充柱时，利用被分离物质在色谱柱内两相之间分配系数不同，经过多次反复分配之后，分配系数较小（即在固定相上被吸附或溶解力较小）的组分首先被载气带出色谱柱，分配系数大的组分则后被带出色谱柱。经过一定时间即通过一定量的载气后，试样中的各个组分就彼此分离，而先后流出色谱柱。

本实验所采用的是 GC-4000 型微机化气相色谱仪。GC-4000 型微机化气相色谱仪的分析单元主要由色谱柱恒温箱、热导检测器恒温加热块、气化室加热块和转化炉等四部分组成。氢火焰离子化检测器放在气化室恒温加热块上。因为仪器是双流路，所以分析单元中两个气化室安装在同一加热块上。

热导检测器（TCD）是目前气相色谱仪上应用最广泛的一种通用

型检测器。它结构简单，稳定性好，灵敏度适宜，线性范围宽，对所有被分析物质均有响应，而且不破坏样品，多用于常量分析。TCD的工作原理为当载气混有被测样品时，导热系数不同，破坏了原有热平衡状态，使热丝温度发生变化，随之电阻也就改变，电阻值的变化可以通过惠斯登电桥测量出来，所得电信号的大小与组分在载气中的浓度成正比，经放大后，记录下来作为定性定量的依据（色谱图）。

氢火焰离子化检测器（FID）是对有机物敏感度很高的检测器，由于它具有响应的一致性，线性范围宽，结构简单，对温度不敏感等特点，所以FID对有机物进行微量分析时应用得非常广泛。FID在工作时需要载气、氢气和空气。当氢气在空气中燃烧时，火焰中的离子很少，但如果有碳氢化合物存在时，离子就大大增加。当从柱后流出的载气和被测样品用氢气混合在空气中燃烧时，有机化合物被电离成正负离子，正负离子在电场的作用下就产生了相对燃烧物质量的电流，这个电流经微电流放大器放大后，可用记录仪或数据处理机记录下来作为定性定量的依据（色谱图）。

4.1.4 实验方法

取粒度为60～80目的煤样2.000g放入氧化炉中，紧固好后，调节好空气流量，打开控温仪，将升温速率设定为1.5℃/min。准备好后即可升温氧化，温度每升高10～15℃取气样一次，用气相色谱仪进行各气体组分（N_2、O_2、CO、CO_2、CH_4、C_2H_6、C_3H_8、C_2H_4、C_3H_6、i-C_4H_{10}、n-C_4H_{10}、C_2H_2）分析。分析氧气、氮气时用氢气作载气，分析烃类气体及一氧化碳、二氧化碳时用氮气作载气。分离后的气体组分由A4800色谱数据工作站进行数据处理，得到气体含量报告。

4.2 开滦矿区各矿煤层自然发火预测预报指标气体

对开滦矿区各矿主采煤层的典型煤样进行人工加热升温模拟试验，将试验所得数据做成以温度为横坐标、气体浓度为纵坐标的气体浓度随温度变化的曲线。同时，为了更好地选择指标气体，还进行了格拉哈姆系数、链烷比、烯烷比、炔烷比及C_2H_6/C_2H_4比值的计算，并对计算结果作了相应的比值-煤温关系曲线处理。

4.2.1 实验数据分析

4.2.1.1 一氧化碳（CO）

一氧化碳（CO）出现的临界温度值如图4-3～图4-11所示（图中图例处数字为各矿所取煤样的编号）。所谓临界温度值是指煤氧化后开始检测到一氧化碳的煤温度值。由图中可以看出，各矿所进行实验的样品中，大部分在50℃时检测出了一氧化碳气体，少部分样品在煤温达到65℃时，检测到了一氧化碳气体，综合实验结果，可以认为开滦矿区各矿一氧化碳出现的临界温度值为50～65℃。因此，

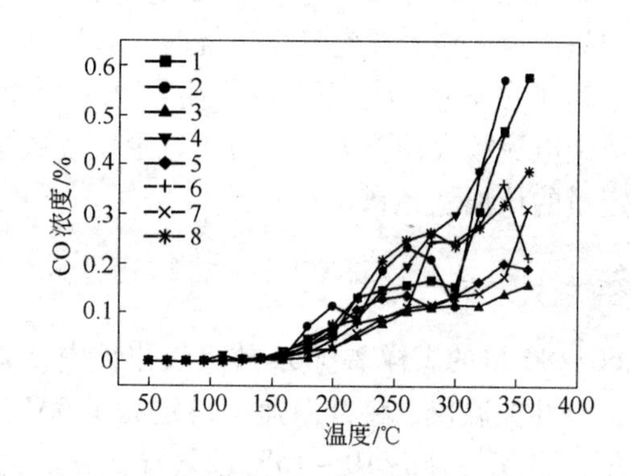

图4-3 荆各庄矿各煤样CO浓度随温度变化曲线

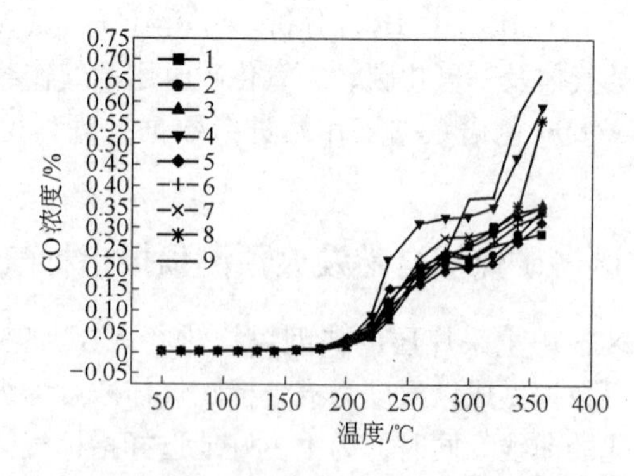

图4-4 赵各庄矿各煤样CO浓度随温度变化曲线

当矿井在生产过程中，只要检测到 CO，就表明煤体已开始了缓慢氧化，且温度达到了 50℃以上。

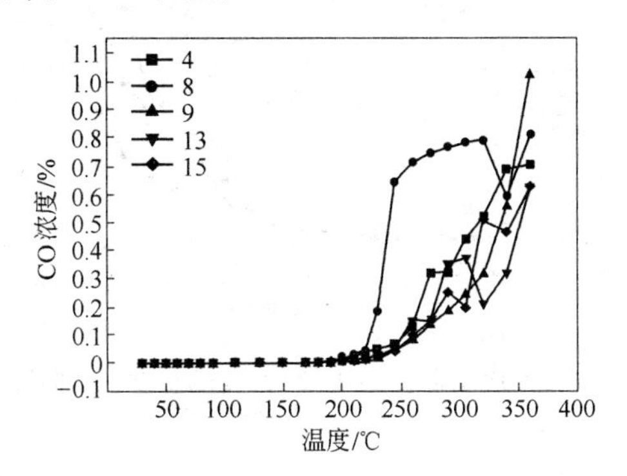

图 4-5　吕家坨矿各煤样 CO 浓度随温度变化曲线

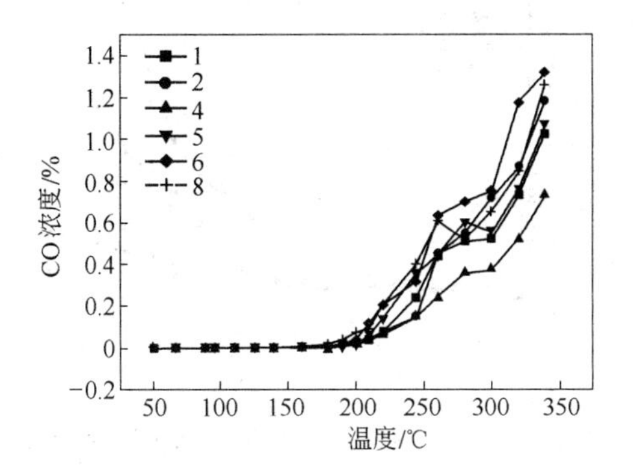

图 4-6　范各庄矿各煤样 CO 浓度随温度变化曲线

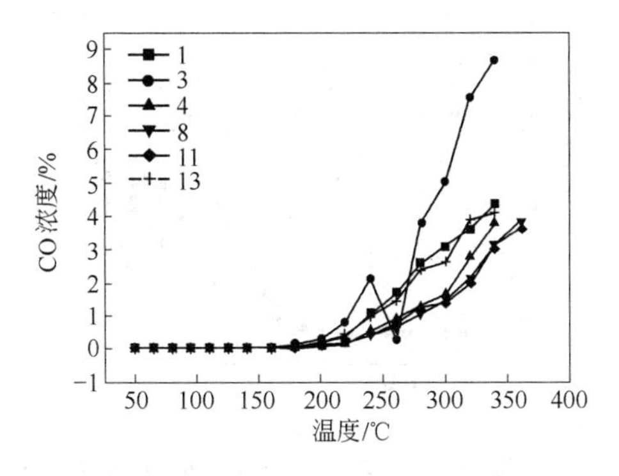

图 4-7　钱家营矿各煤样 CO 浓度随温度变化曲线

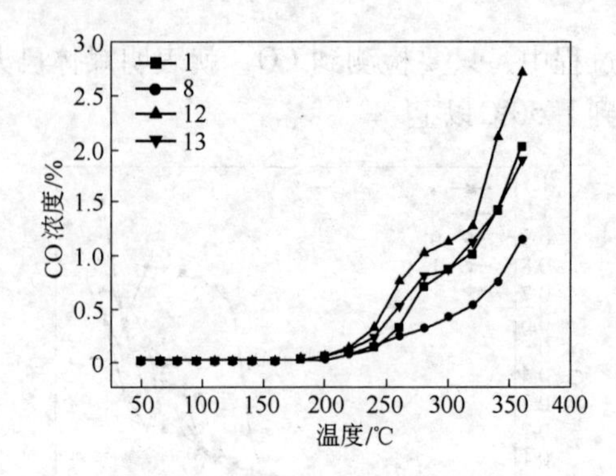

图 4-8 唐山矿各煤样 CO 浓度随温度变化曲线

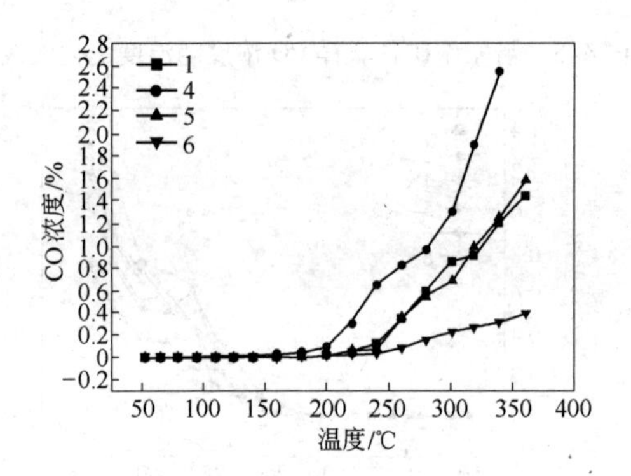

图 4-9 马家沟矿各煤样 CO 浓度随温度变化曲线

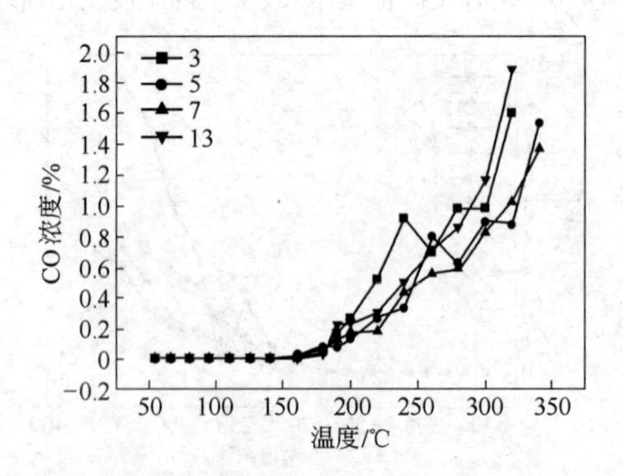

图 4-10 东欢坨矿各煤样 CO 浓度随温度变化曲线

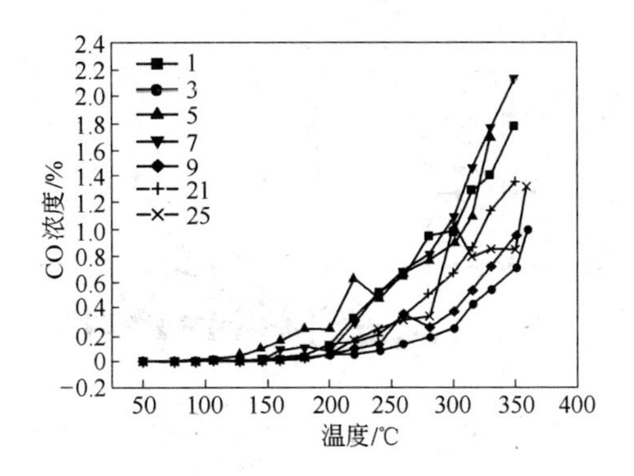

图 4-11 林南仓矿各煤样 CO 浓度随温度变化曲线

如图中所示，开滦矿区各矿煤样的一氧化碳（CO）发生速率的总体趋势基本相同，随着煤温的升高一氧化碳发生速率增大，表现出了极强的规律性。煤温在 50 ~ 150℃ 之间时，CO 的浓度变化不大，煤自燃处于潜伏期；当温度超过 150℃ 以后，CO 浓度开始增大，尤其是当温度超过 180℃ 时，CO 浓度急剧增大，且 $CO/\Delta O_2$ 指标值也急剧升高，充分表示了煤氧化进入了加速氧化阶段，如果此时不采取措施，很快进入激烈氧化阶段，导致煤自燃。

由以上分析可知，一氧化碳指标气体是检测煤炭早期自然发火非常灵敏的指标，特别是当煤温升到 150 ~ 180℃ 以上时，更易发现这种气体的存在。因此，在 50 ~ 180℃ 之间选择一氧化碳作为检测煤炭自燃的指标气体是可行的。只要井下巷道内一氧化碳持续存在，并且不断增加，即表明煤炭已开始自热而发展到自燃。

4.2.1.2 格拉哈姆系数($CO/\Delta O_2$)

由图 4-12 ~ 图 4-20 可以看出，格拉哈姆系数（$CO/\Delta O_2$）随煤体温度的升高基本上呈现先增高再降低的趋势，但规律性不是很明显。出现降低的原因是在进入激烈氧化阶段后，氧与碳（C）结合生成较多的二氧化碳（CO_2），也就是此时耗氧生成物二氧化碳大于一氧化碳。此外，致使格拉哈姆系数不太规则的因素还在于实验过程中可能出现的色谱仪本身的工作状态不稳定的问题，尤其是在夏季温度高达 30℃ 以上时。但是总的来讲，格拉哈姆系数不适宜作为各矿煤层自然发火的指标气体。

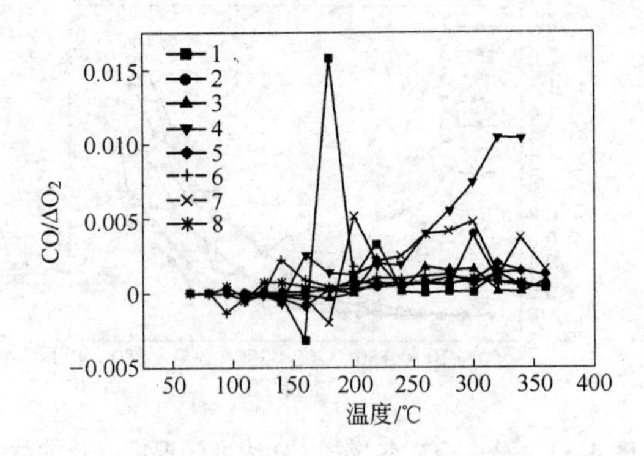

图 4-12 荆各庄矿各煤样 $CO/\Delta O_2$ 随温度变化曲线

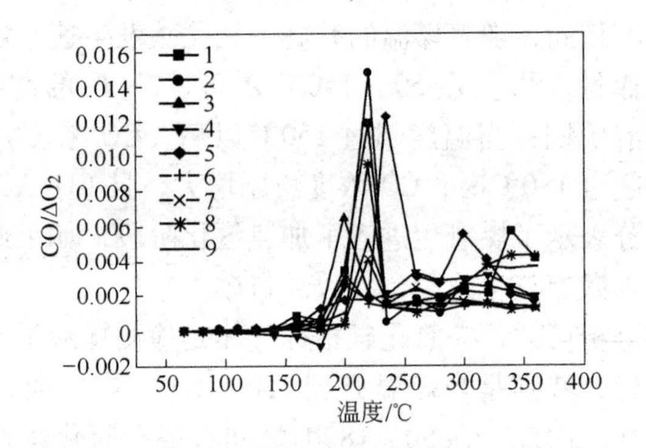

图 4-13 赵各庄矿各煤样 $CO/\Delta O_2$ 随温度变化曲线

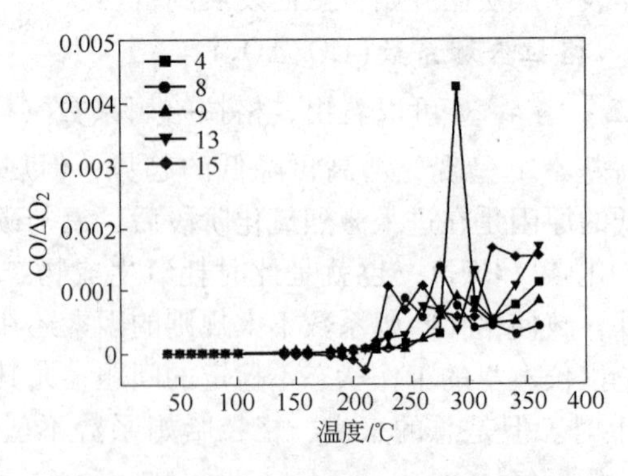

图 4-14 吕家坨矿各煤样 $CO/\Delta O_2$ 随温度变化曲线

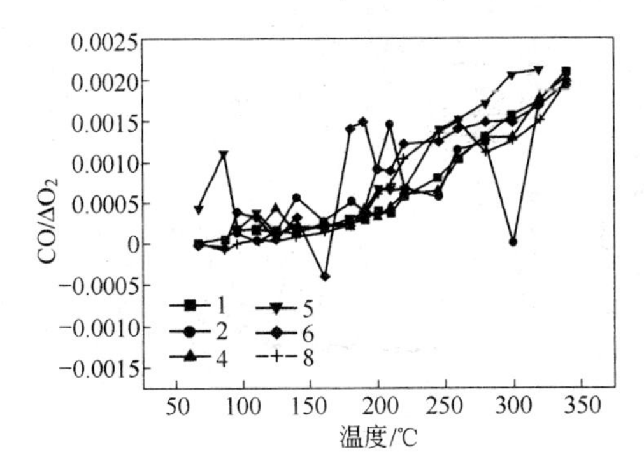

图 4-15 范各庄矿 $CO/\Delta O_2$ 随温度变化曲线

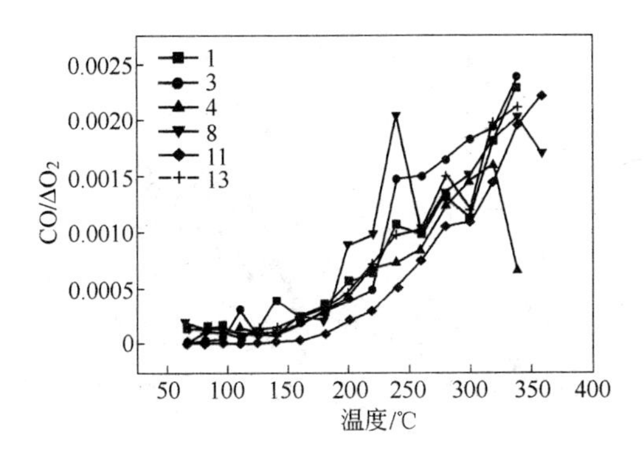

图 4-16 钱家营矿各煤样 $CO/\Delta O_2$ 随温度变化曲线

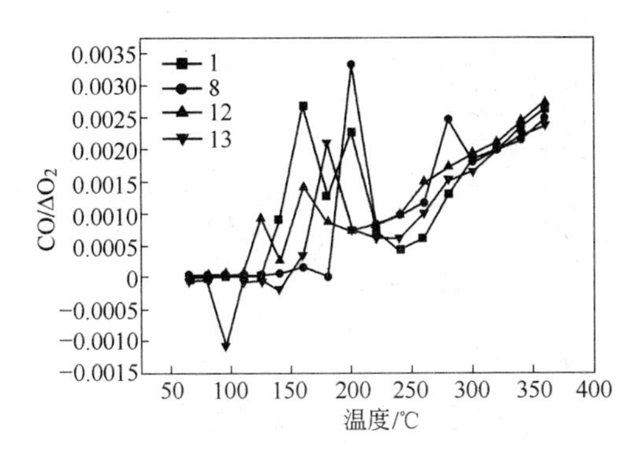

图 4-17 唐山矿各煤样 $CO/\Delta O_2$ 随温度变化曲线

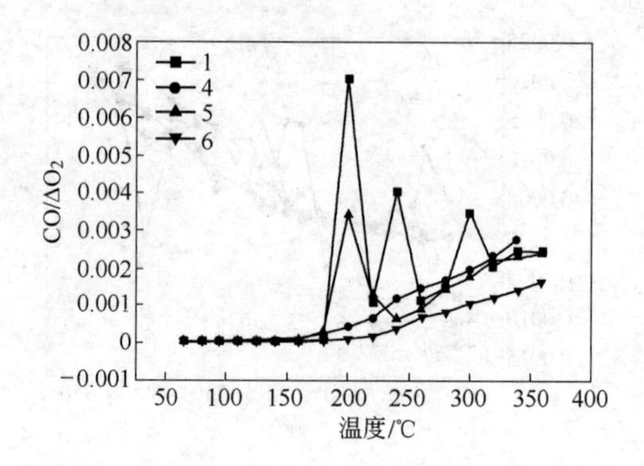

图 4-18 马家沟矿各煤样 $CO/\Delta O_2$ 随温度变化曲线

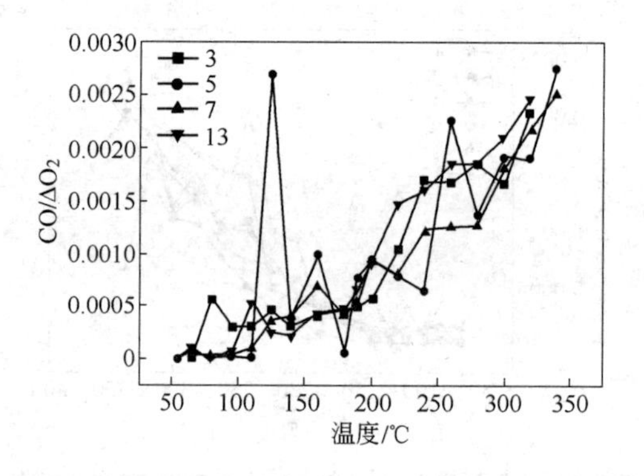

图 4-19 东欢坨矿各煤样 $CO/\Delta O_2$ 随温度变化曲线

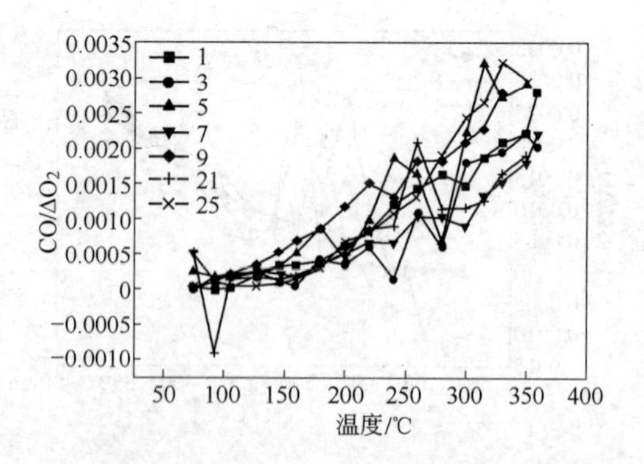

图 4-20 林南仓矿各煤样 $CO/\Delta O_2$ 随温度变化曲线

4.2.1.3　二氧化碳（CO_2）指标气体

由图4-21～图4-29可以看出，二氧化碳（CO_2）的产生量随温度升高基本上呈现上升趋势，并具有良好的指数变化关系，与一氧化碳（CO）基本相同，都是在200℃以后浓度发生剧烈变化。但是二氧化碳更易受井下外界环境的影响，如井下环境中二氧化碳的涌出，井下酸性水与碳酸盐的反应生成二氧化碳等影响，可能使气体中二氧化碳浓度高于火灾中的二氧化碳浓度。另外，当含二氧化碳的气流流经潮湿煤壁、水坑时，由于二氧化碳被吸收，二氧化碳浓度又可能减小，从而使气样中二氧化碳浓度低于火灾生成的二氧化碳。因此，二氧化碳不适宜作为预测煤层自燃的指标气体，而一氧化碳指标气体要优于二氧化碳指标气体。因为CO_2变化趋势与CO相同，所以在检测

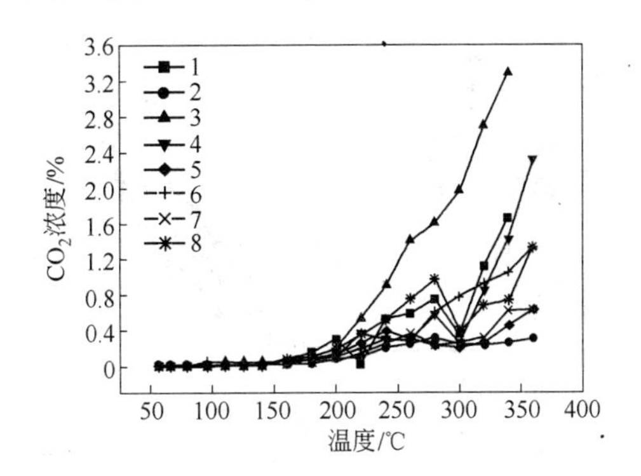

图4-21　荆各庄矿各煤样CO_2浓度随温度变化曲线

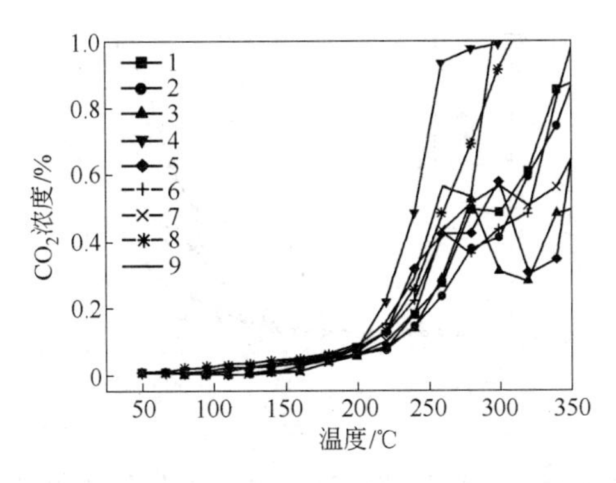

图4-22　赵各庄矿各煤样CO_2浓度随温度变化曲线

CO 的同时，可以检测 CO_2，并根据它的浓度变化，对 CO 的预测结果加以印证。

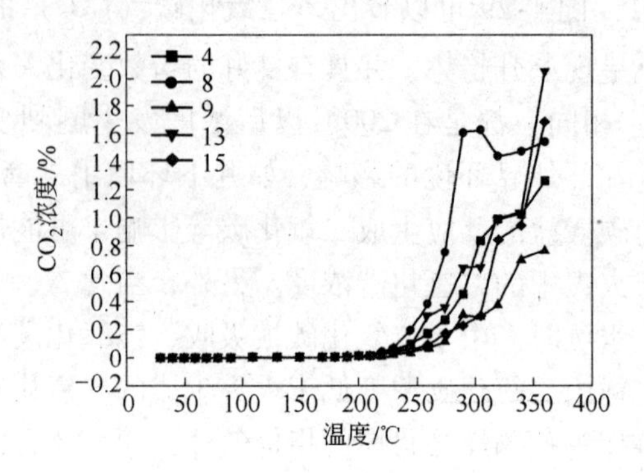

图 4-23 吕家坨矿各煤样 CO_2 浓度随温度变化曲线

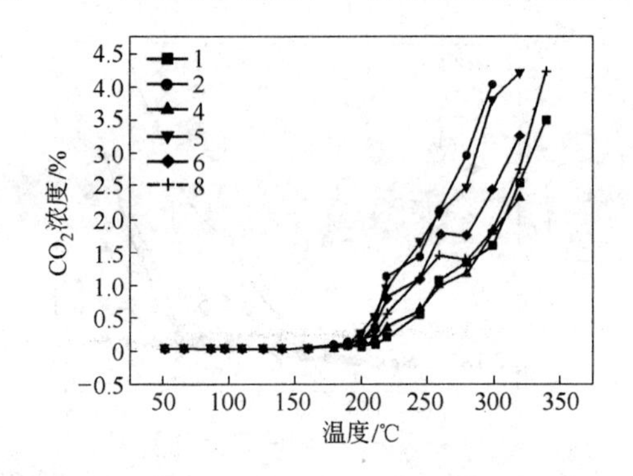

图 4-24 范各庄矿各煤样 CO_2 浓度随温度变化曲线

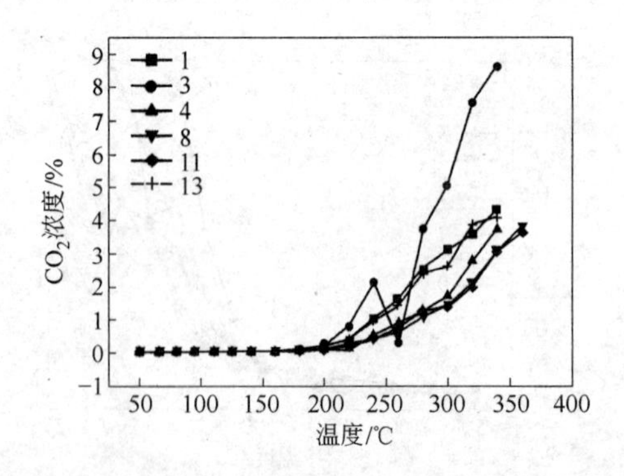

图 4-25 钱家营矿各煤样 CO_2 浓度随温度变化曲线

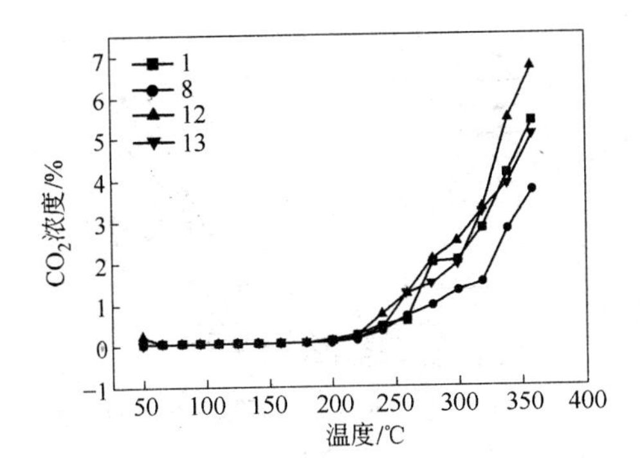

图 4-26 唐山矿各煤样 CO_2 浓度随温度变化曲线

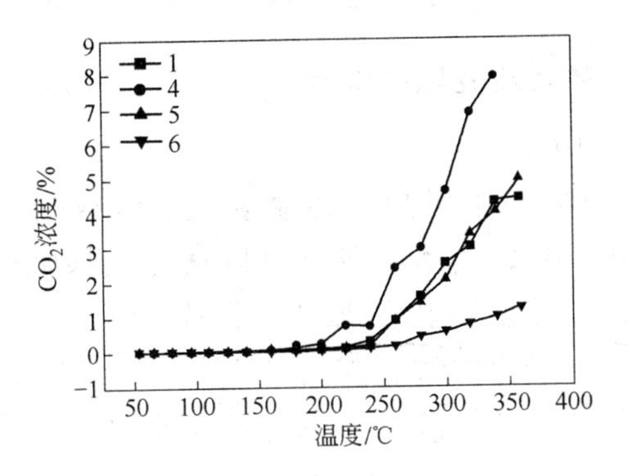

图 4-27 马家沟矿各煤样 CO_2 浓度随温度变化曲线

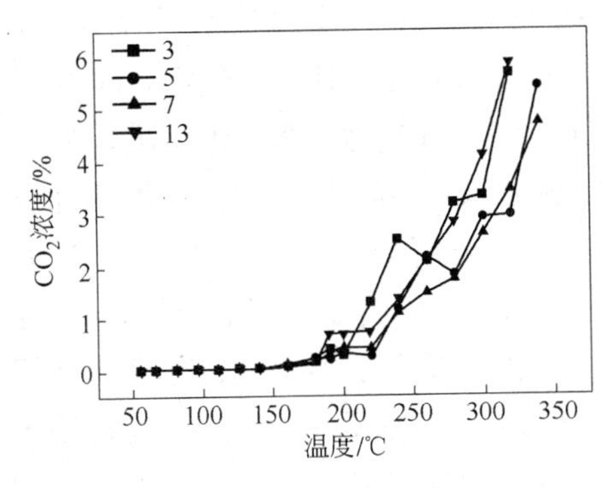

图 4-28 东欢坨矿各煤样 CO_2 浓度随温度变化曲线

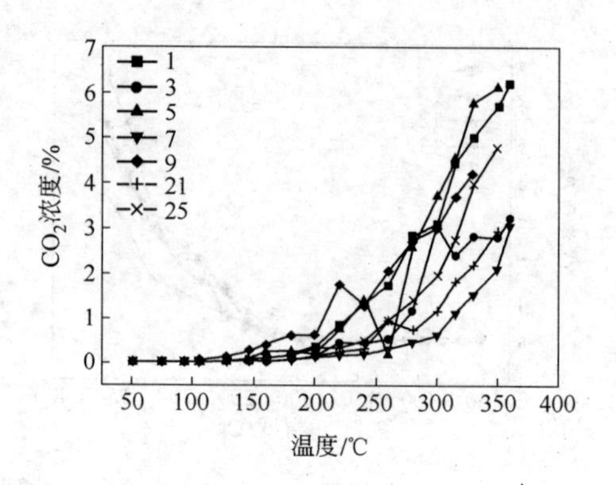

图4-29 林南仓矿各煤样 CO_2 浓度随温度变化曲线

4.2.1.4 烷烃及链烷比指标

A 甲烷（CH_4）

众所周知，矿井中甲烷气体主要是在成煤时期煤吸附形成的，因而低温时甲烷气体的释放可以认为是煤吸附甲烷气体脱附的结果，而非高温裂解形成的。常温下煤层中涌出的甲烷绝大部分是解吸的产物，随着煤温的上升，空气中的氧与煤发生氧化反应也生成大量的链烷。由各矿煤样自燃氧化试验结果表来看，110℃以前用高纯氮作冲洗气，其甲烷浓度相差不大，可以认为甲烷是解吸的产物，而110℃以后，甲烷是氧化的产物。图4-30～图4-38显示出了各煤样甲烷的生成量随温度升高的变化规律。由图中可以看出，CH_4 的产生量随煤温升高总的趋势是增加的，在200℃左右出现一峰值，在将要到达明火燃烧阶段后，甲烷的生成量又突然增加。但是各样品的甲烷产生量大小变化不是很稳定。众所周知，矿井气体中甲烷是成煤本身吸附的气体，它随煤温的升高而增加，当煤温达到特定的温度（90℃左右）时，甲烷脱附，伴随着温度升高而又下降，二者彼此难以区别，所以甲烷的含量不能用做判断自然发火早期发现的指标气体。

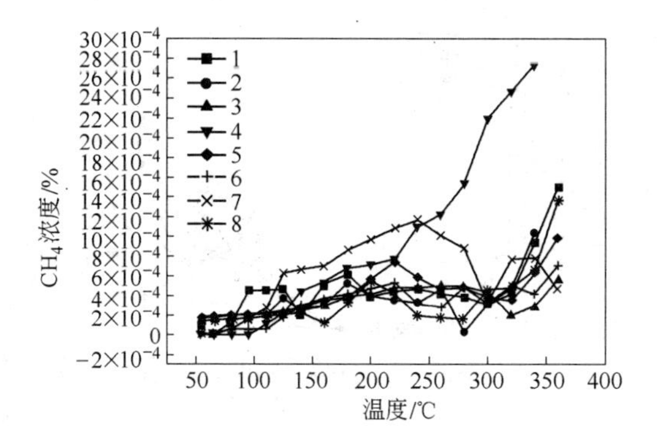

图 4-30 荆各庄各煤样 CH_4 浓度随温度变化曲线

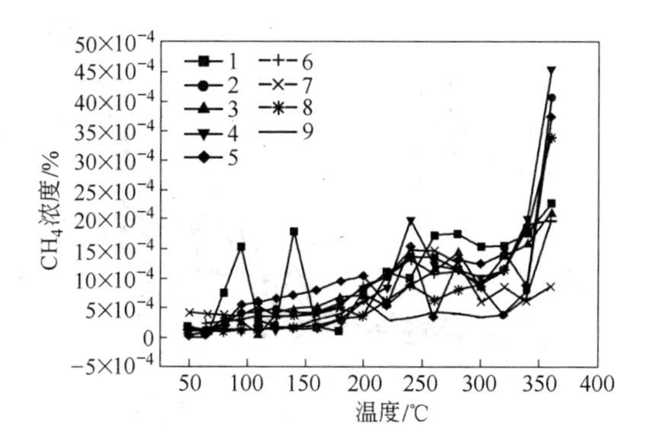

图 4-31 赵各庄矿各煤样 CH_4 浓度随温度变化曲线

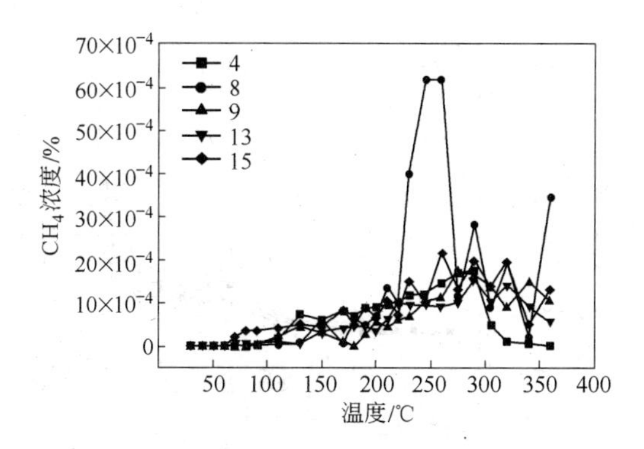

图 4-32 吕家坨矿 CH_4 浓度随温度变化曲线

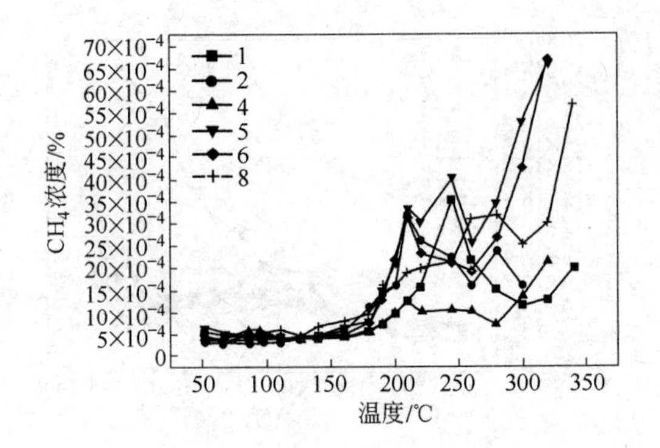

图 4-33 范各庄矿各煤样 CH_4浓度随温度变化曲线

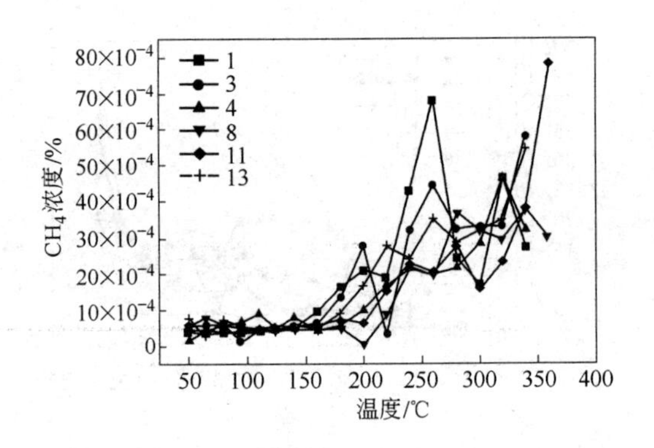

图 4-34 钱家营矿各煤样 CH_4浓度随温度变化曲线

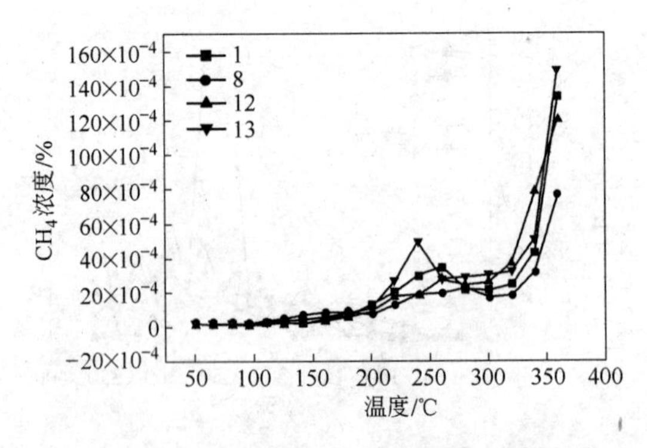

图 4-35 唐山矿各煤样 CH_4浓度随温度变化曲线

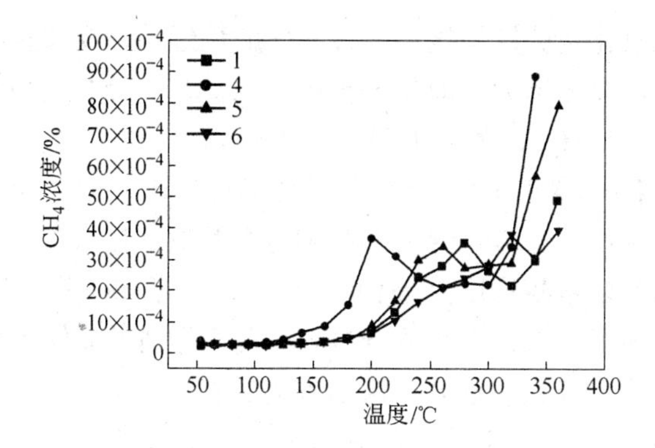

图 4-36 马家沟矿各煤样 CH_4 浓度随温度变化曲线

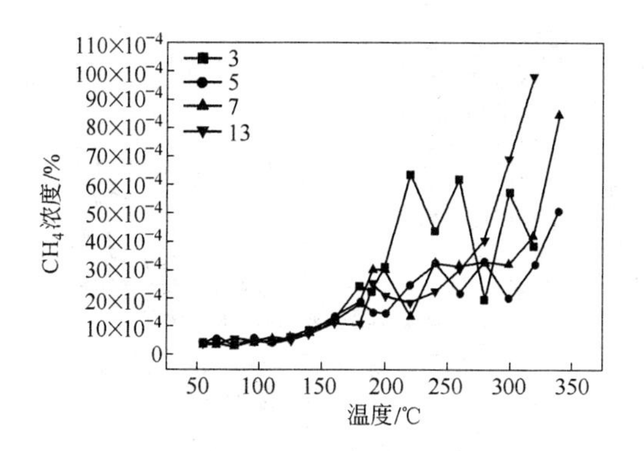

图 4-37 东欢坨矿各煤样 CH_4 浓度随温度变化曲线

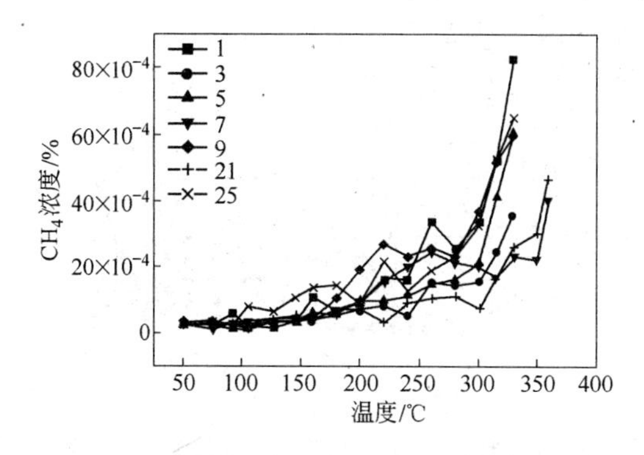

图 4-38 林南仓矿各煤样 CH_4 浓度随温度变化曲线

B 乙烷（C_2H_6）、丙烷（C_3H_8）和丁烷（$i\text{-}C_4H_{10}$、$n\text{-}C_4H_{10}$）

煤自燃氧化实验结果显示，各煤样的烷烃出现规律是随煤温的升高，碳原子数逐渐增大，即先出现甲烷（CH_4），次之乙烷（C_2H_6），然后是丙烷（C_3H_8），最后出现丁烷（C_4H_{10}）。

由图4-39～图4-47可以看出，乙烷（C_2H_6）随煤温升高表现了如下的变化规律：（1）乙烷出现要晚于甲烷，在煤温达到200℃以前，乙烷的产生量随温度升高而增加；（2）在200℃左右到达最大值，随后又逐渐降低；（3）在300℃左右下降到了最低点，之后又迅速上升，曲线上升斜率较大。这是因为，在第（1）阶段，主要是煤吸附的C_2H_6因获得了能量而释放出来，并随温度的上升，产量逐渐增加，200℃时达到了最大值。在第（2）阶段，吸附态的C_2H_6释放

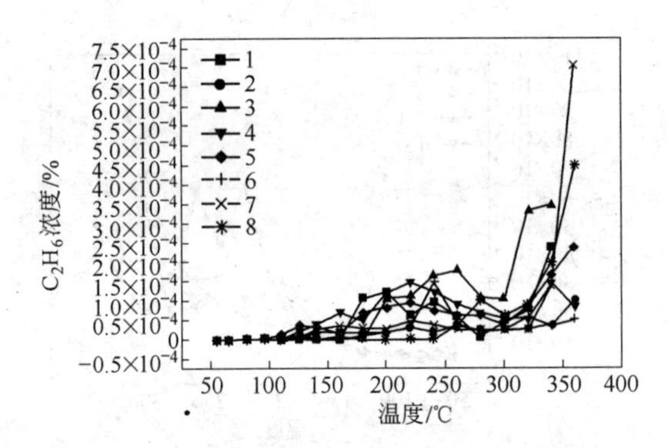

图4-39 荆各庄矿各煤样C_2H_6浓度随温度变化曲线

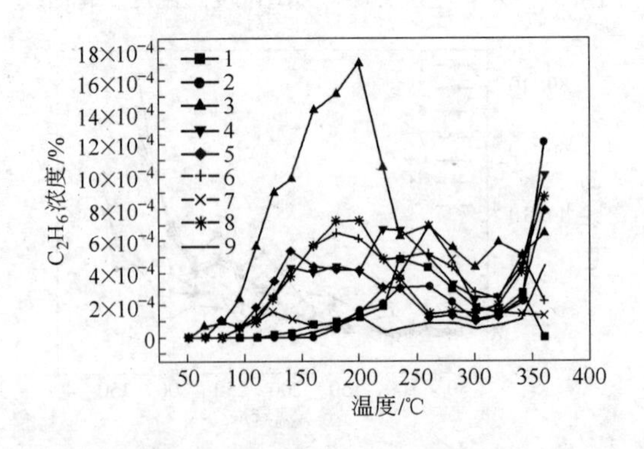

图4-40 赵各庄矿各煤样C_2H_6浓度随温度变化曲线

量逐渐减少，煤热裂解产生的 C_2H_6 也极少，所以呈现了下降趋势。在第（3）阶段，温度超过了300℃时，煤分子获得了大量能量，分子结构逐渐裂解，C_2H_6 的产量大量增加，因而曲线呈上升趋势。

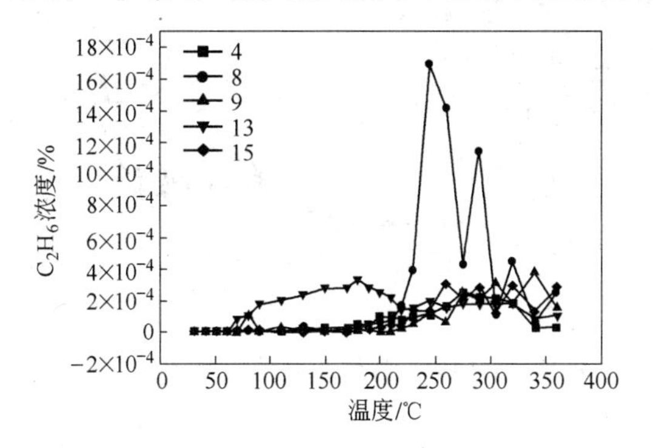

图 4-41 吕家坨矿各煤样 C_2H_6 浓度随温度变化曲线

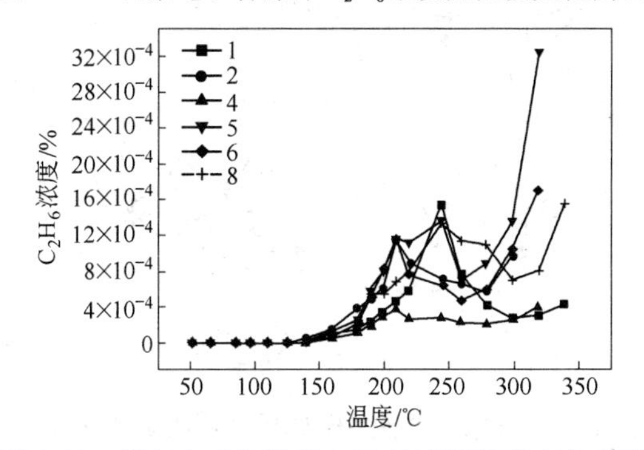

图 4-42 范各庄矿各煤样 C_2H_6 浓度随温度变化曲线

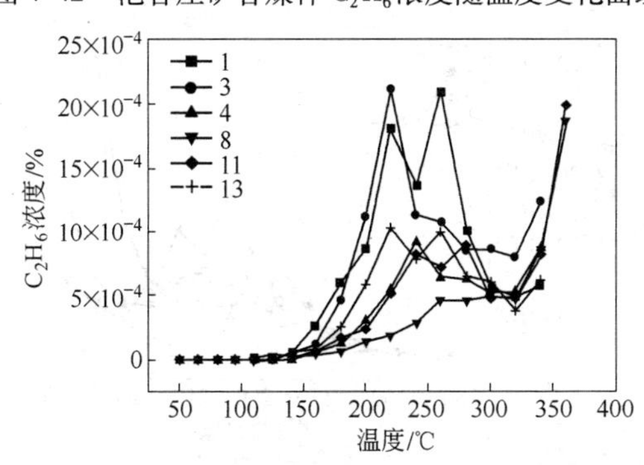

图 4-43 钱家营矿各煤样 C_2H_6 浓度随温度变化曲线

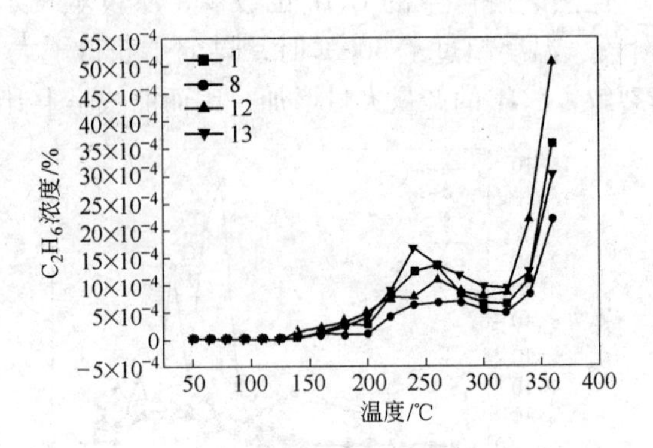

图 4-44　唐山矿各煤样 C_2H_6 浓度随温度变化曲线

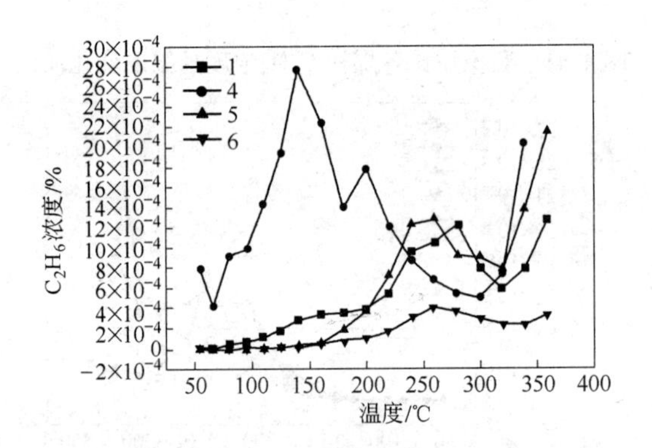

图 4-45　马家沟矿各煤样 C_2H_6 浓度随温度变化曲线

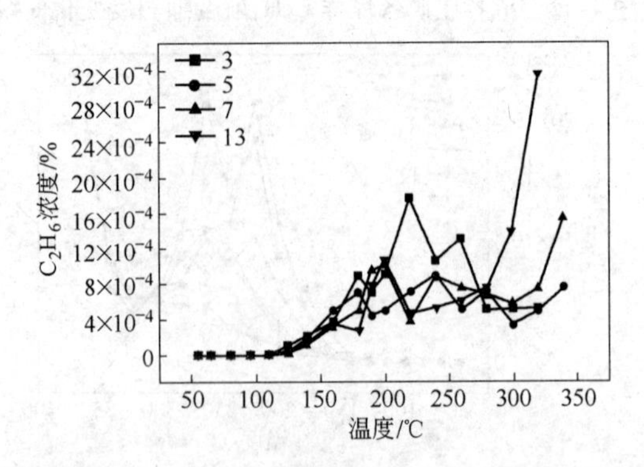

图 4-46　东欢坨矿各煤样 C_2H_6 浓度随温度变化曲线

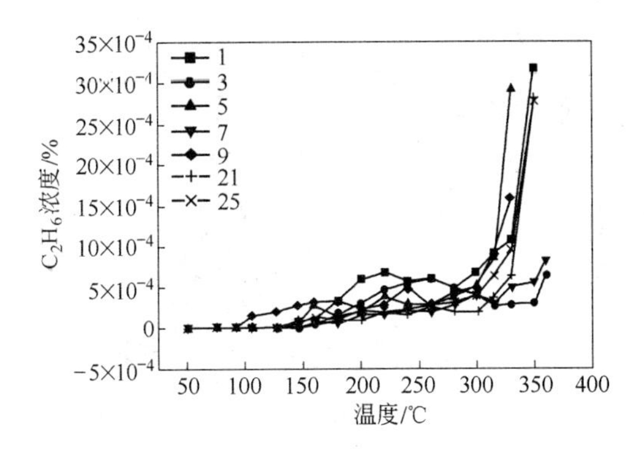

图 4-47 林南仓矿各煤样 C_2H_6浓度随温度变化曲线

随着煤温的升高，有的煤样还出现了丙烷（C_3H_8）。由图 4-48 ~ 图 4-54 可以看出，丙烷只是某些煤样偶然可见，不符合作指标气体的要求，所以只选用乙烷作为标志气体。

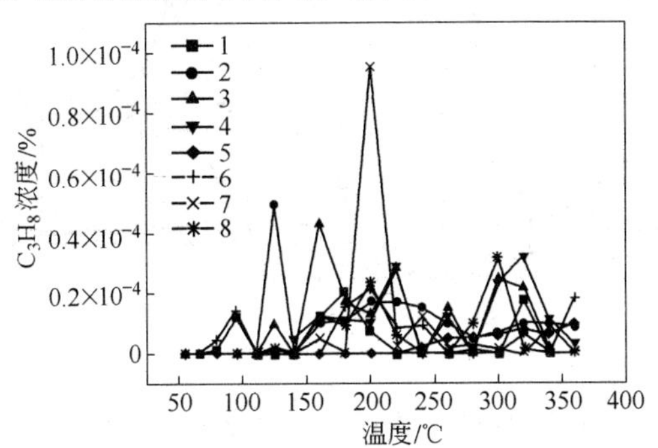

图 4-48 荆各庄矿 C_3H_8浓度随温度变化曲线

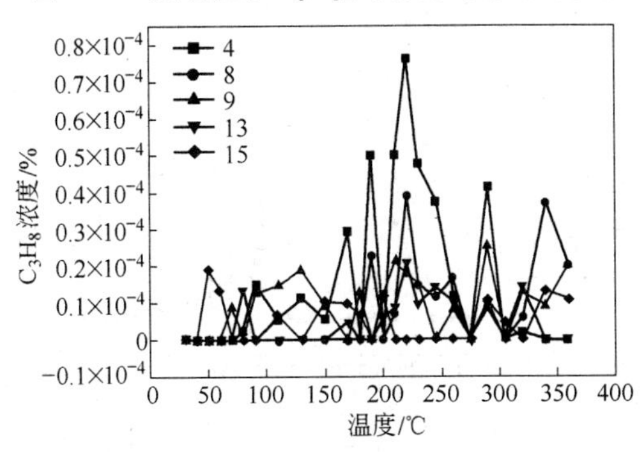

图 4-49 吕家坨矿 C_3H_8浓度随温度变化曲线

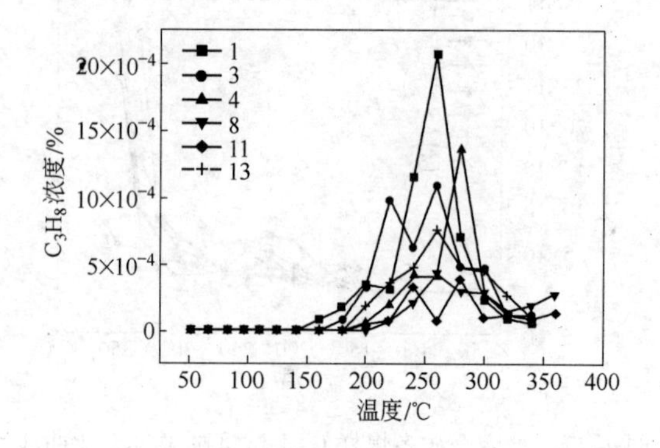

图 4-50 钱家营矿各煤样 C_3H_8 浓度随温度变化曲线

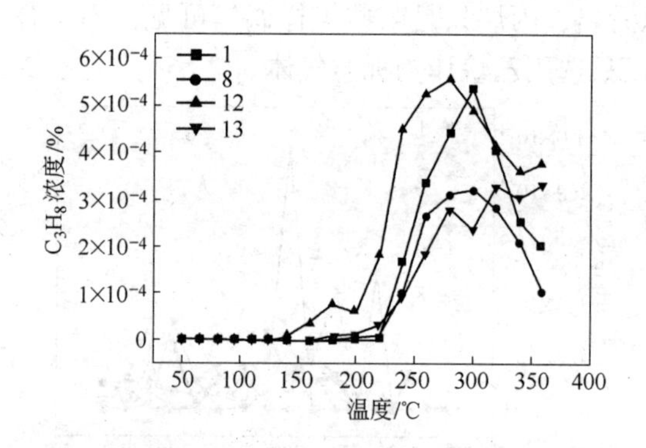

图 4-51 唐山矿各煤样 C_3H_8 浓度随温度变化曲线

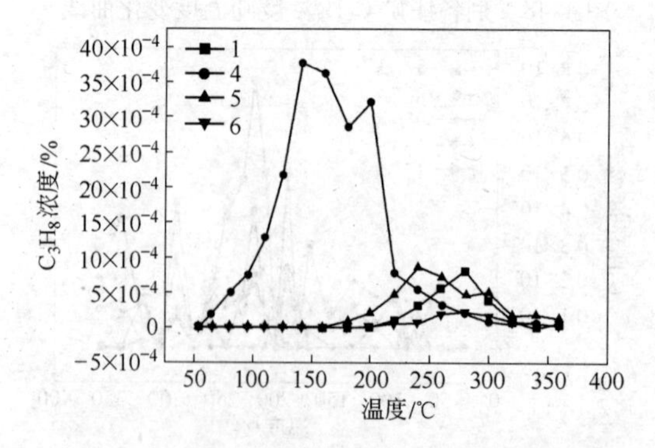

图 4-52 马家沟矿各煤样 C_3H_8 浓度随温度变化曲线

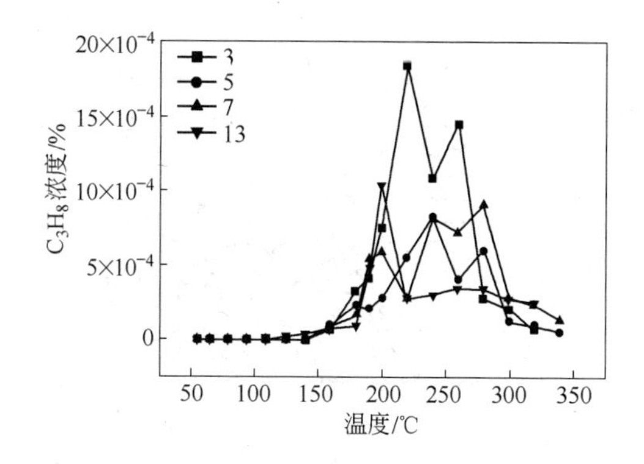

图 4-53 东欢坨矿各煤样 C_3H_8 浓度随温度变化曲线

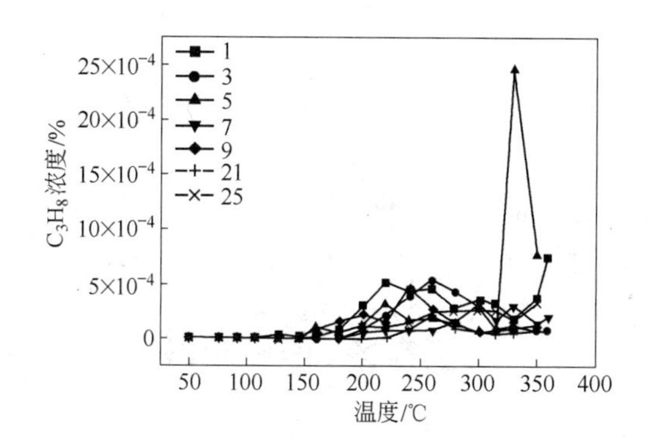

图 4-54 林南仓矿各煤样 C_3H_8 浓度随温度变化曲线

C 链烷比

由实验数据可以看出，丙烷（C_3H_8）与甲烷（C_2H_4）及烷烃总和（CC）之比值与煤温变化并无太大规律性，不适合选作指标气体。

由图 4-55 ~ 图 4-63 可以看出，乙烷（C_2H_6）与甲烷（CH_4）之比基本上呈上升趋势，特别是在 150℃以后，说明到达激烈氧化阶段后乙烷的产生速率高于甲烷。

在 200 ~ 250℃左右到达一峰值，随后下降，但下降的速率不如上升时快。但这一变化规律有的矿表现不明显，如荆各庄矿、吕家坨矿、马家沟矿，而且在所测定的温度范围内变化不是很稳定，线性关系较好的温度范围窄，因而 C_2H_6/CH_4 也不适合选作预测预报的指标气体。

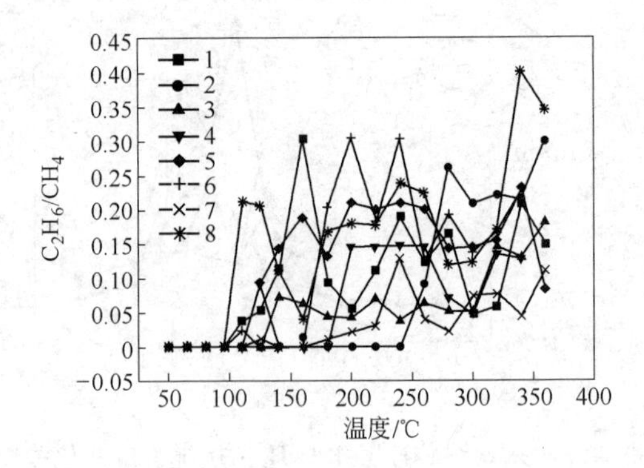

图 4-55 荆各庄矿各煤样 C_2H_6/CH_4 随温度变化曲线

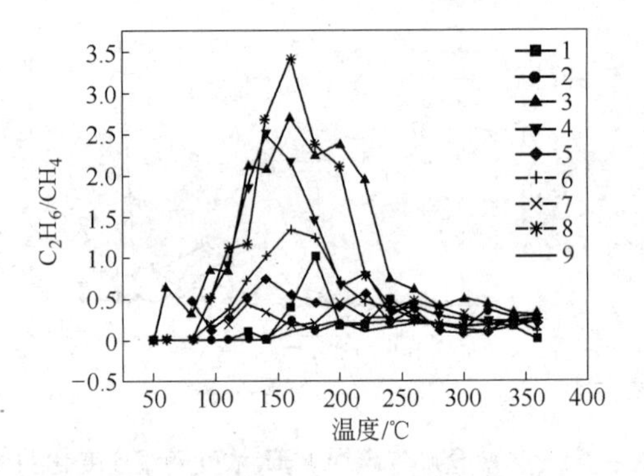

图 4-56 赵各庄矿各煤样 C_2H_6/CH_4 随温度变化曲线

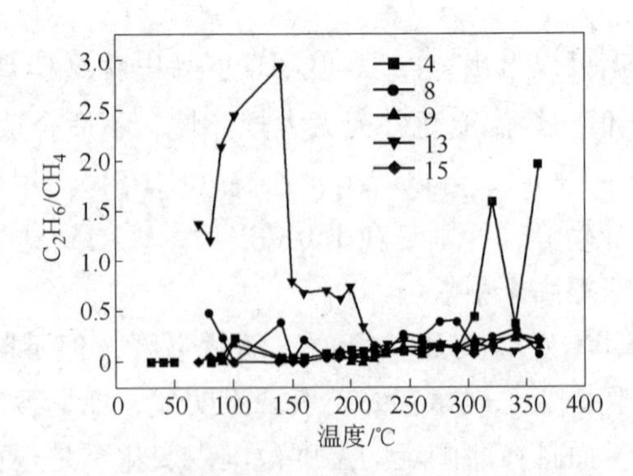

图 4-57 吕家坨矿各煤样 C_2H_6/CH_4 随温度变化曲线

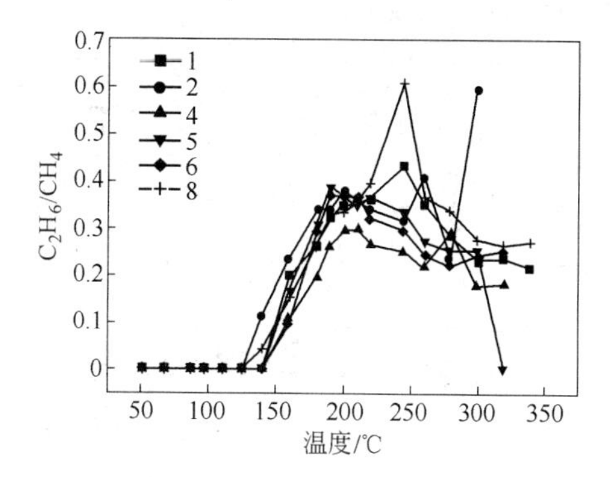

图 4-58 范各庄矿各煤样 C_2H_6/CH_4 随温度变化曲线

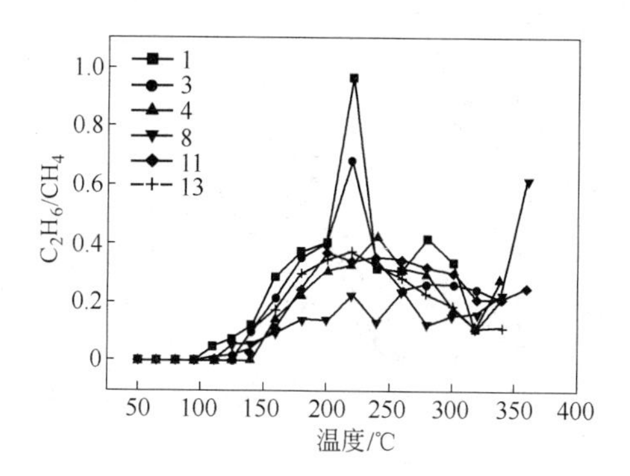

图 4-59 钱家营矿各煤样 C_2H_6/CH_4 随温度变化曲线

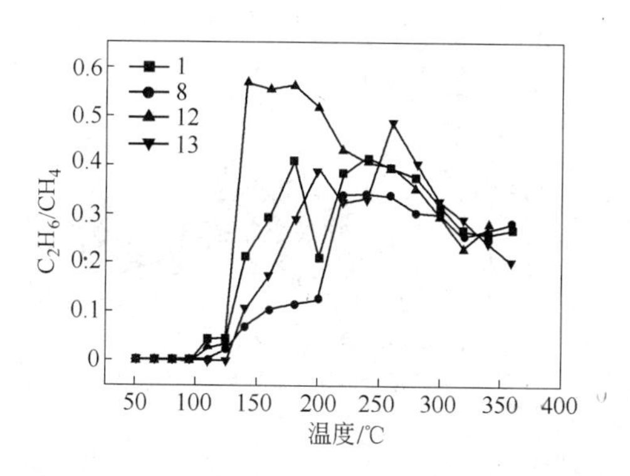

图 4-60 唐山矿各煤样 C_2H_6/CH_4 随温度变化曲线

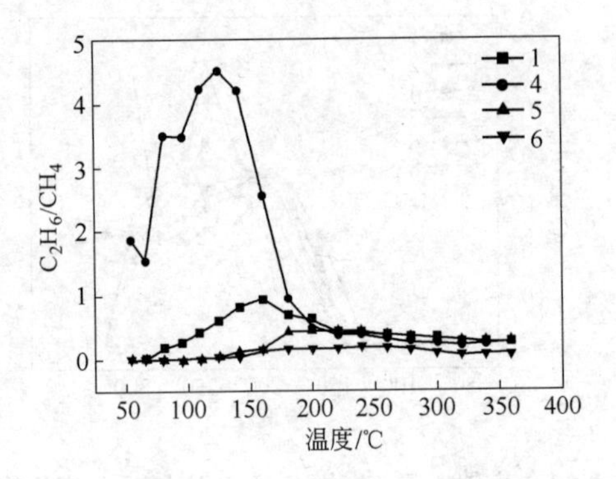

图 4-61 马家沟矿各煤样 C_2H_6/CH_4 随温度变化曲线

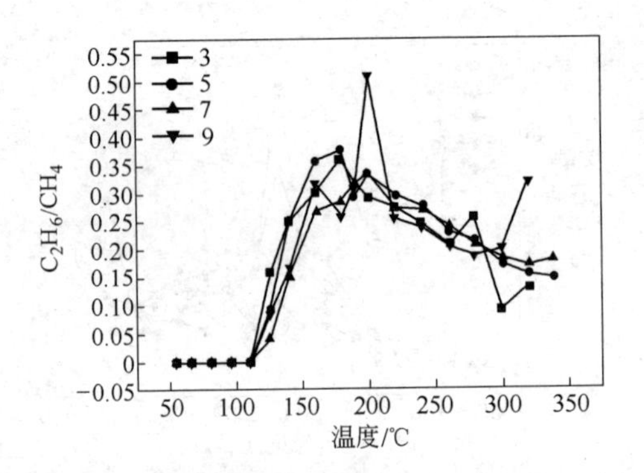

图 4-62 东欢坨矿各煤样 C_2H_6/CH_4 随温度变化曲线

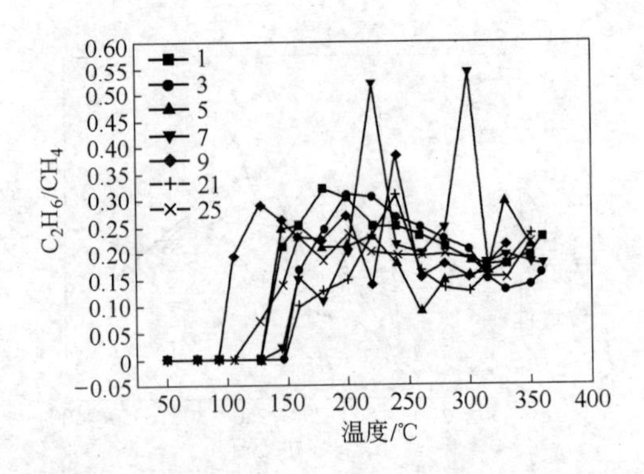

图 4-63 林南仓矿各煤样 C_2H_6/CH_4 随温度变化曲线

4.2.1.5 烯烃及烯烷比指标气体

煤在氧化升温过程中可释放出乙烯（C_2H_4）和丙烯（C_3H_6）两种气体组分。目前一般认为乙烯与煤温之间的关系明确而又简单，环境对乙烯产生的影响很小。因此许多国家都趋向于在测定一氧化碳（CO）的同时也测定乙烯值。

A 乙烯（C_2H_4）

如图4-64～图4-72所示，各矿实验煤样乙烯（C_2H_4）的发生速率随煤温的升高而增大，到达300℃左右时到达峰值，随后逐渐下降。由煤自燃氧化结果可以看出，乙烯出现的临界温度为100～150℃，大体上在120℃时发生，在180℃以后发生速率明显加快。而且图中显示样品在180～300℃之间乙烯的产生量与温度变化呈现良好

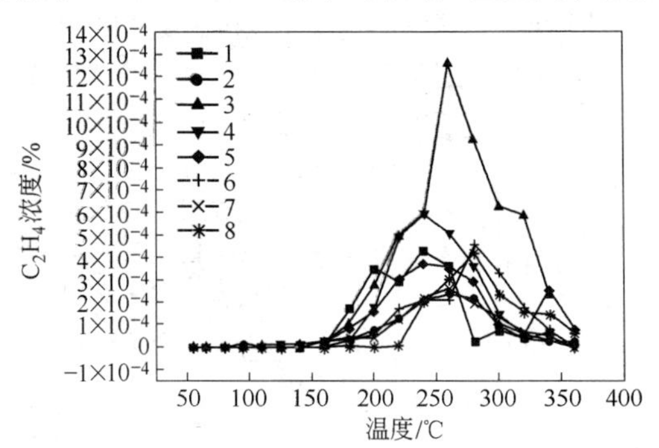

图4-64 荆各庄矿 C_2H_4 浓度随温度变化曲线

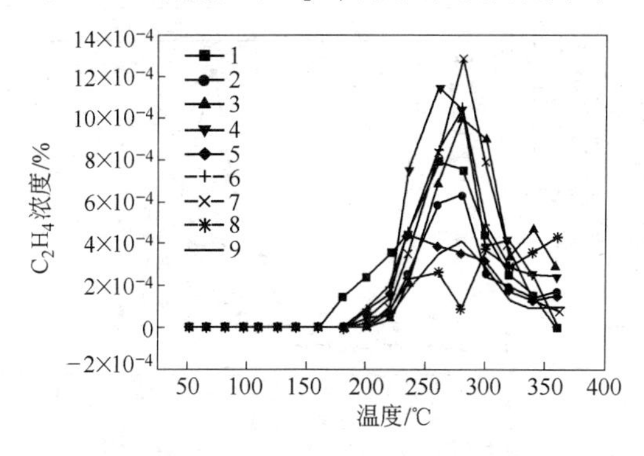

图4-65 赵各庄矿各煤样 C_2H_4 浓度随温度变化曲线

的线性相关规律，因而在180～300℃之间选取C_2H_4作为预测预报的指标气体是可行的。由于在矿井吸附的瓦斯气体中没有烯烃气体成分，因此只要乙烯一出现，即表明煤炭温度已达到120℃左右。

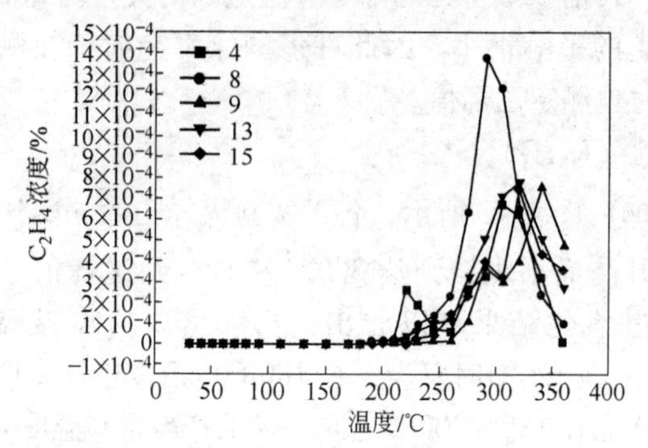

图4-66 吕家坨矿C_2H_4浓度随温度变化曲线

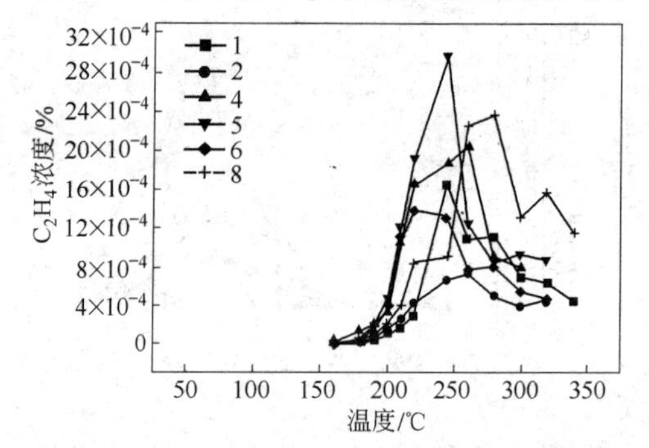

图4-67 范各庄矿各煤样C_2H_4浓度随温度变化曲线

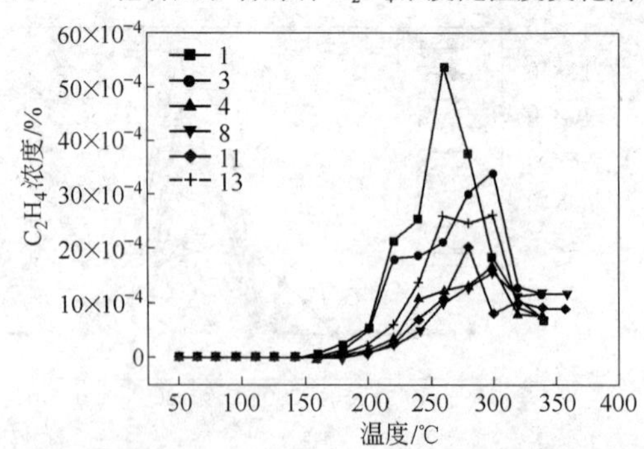

图4-68 钱家营矿各煤样C_2H_4浓度随温度变化曲线

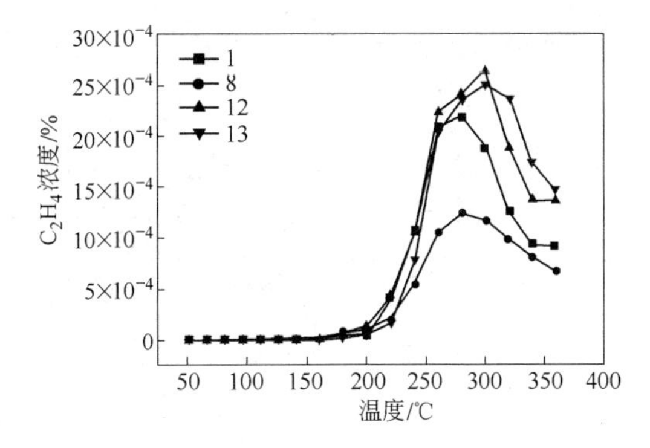

图 4-69 唐山矿各煤样 C_2H_4 浓度随温度变化曲线

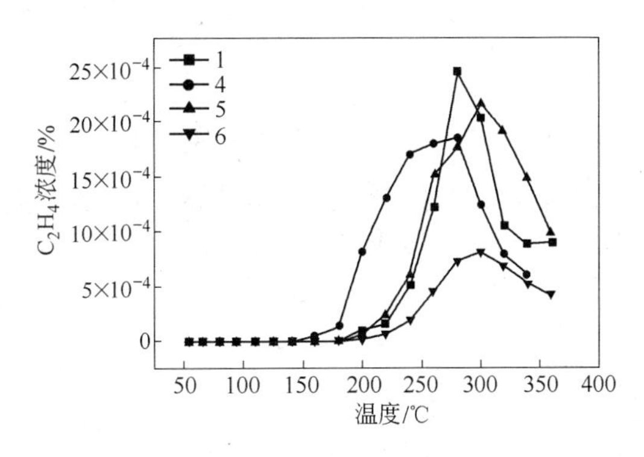

图 4-70 马家沟矿各煤样 C_2H_4 浓度随温度变化曲线

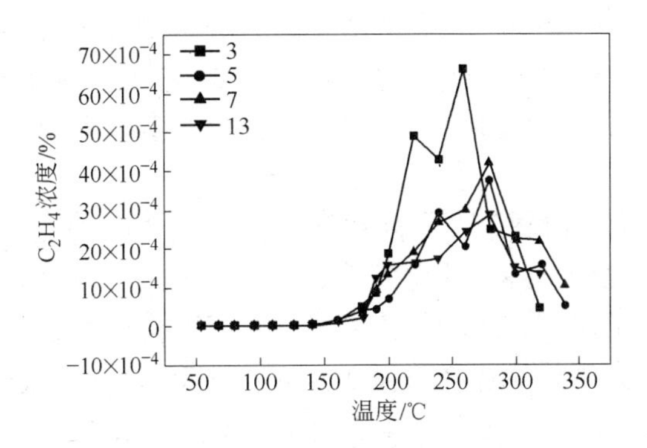

图 4-71 东欢坨矿各煤样 C_2H_4 浓度随温度变化曲线

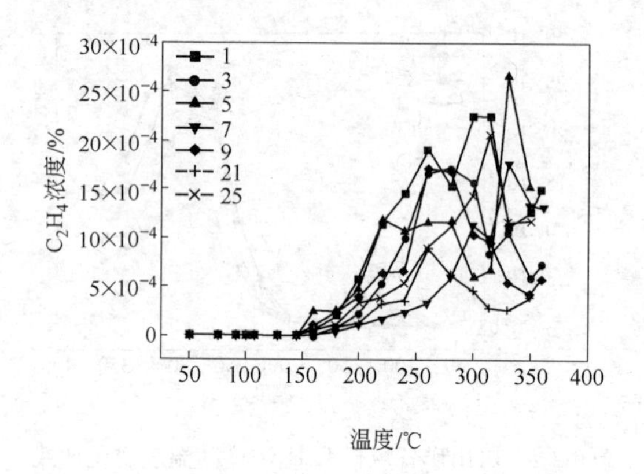

图 4-72 林南仓矿各煤样 C_2H_4浓度随温度变化曲线

B 丙烯（C_3H_6）

由煤样自燃氧化结果可知，丙烯（C_3H_6）的生成量少，甚至很多煤样没有生成丙烯，而且随煤温变化的规律不明显，因此，丙烯不适宜作为预测煤层早期自然发火的指标气体。

C 烯烷比

由实验结果可知（图 4-73 ~ 图 4-89），乙烯与甲烷之比（C_2H_4/CH_4）、乙烯与乙烷之比（C_2H_4/C_2H_6）随温度升高呈现先增高而后又降低的趋势，总体的变化趋势是随着煤温的升高，比值逐渐增大，在 300℃左右达到高峰后，比值又随煤温升高而下降。但开滦矿区各矿在正常生产条件下有瓦斯涌出，使得生产过程中甲烷气体的含量与实验室有所区别，会影响该比值在自然发火预测预报中的应用，因而 C_2H_4/CH_4 不适合作为预报煤层早期自燃的指标气体。

C_2H_4/C_2H_6的值随温度升高逐渐增大，在 300℃达到高峰后，比值又随煤温升高而下降。该比值随煤温变化关系比较明确，也比较简单，比值峰值的出现是煤的氧化将要进入激烈氧化的前兆。使用该比值，由于各组分被风流稀释的程度相同，排除了风流的影响，可以准确确定煤的氧化发展阶段。因此，可以把 C_2H_4/C_2H_6作为预报煤层早期自燃的指标气体。

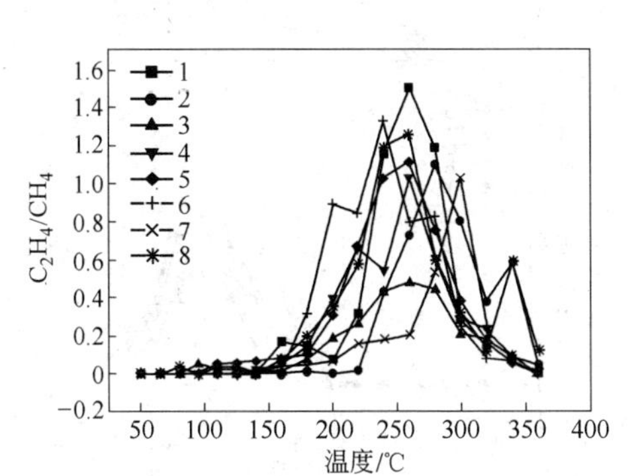

图 4-73 荆各庄矿各煤样 C_2H_4/CH_4 随温度变化曲线

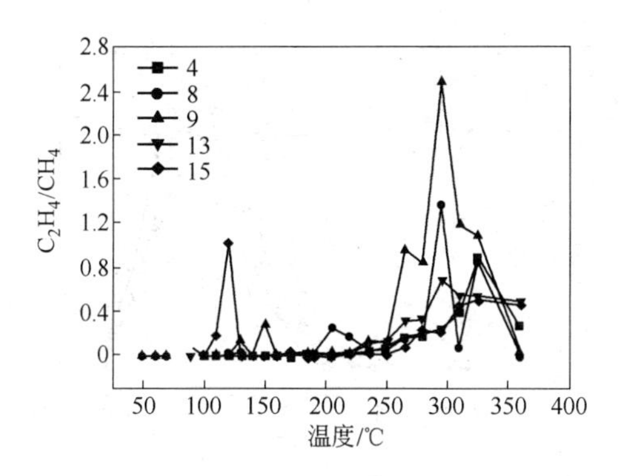

图 4-74 吕家坨矿 C_2H_4/CH_4 随温度变化曲线

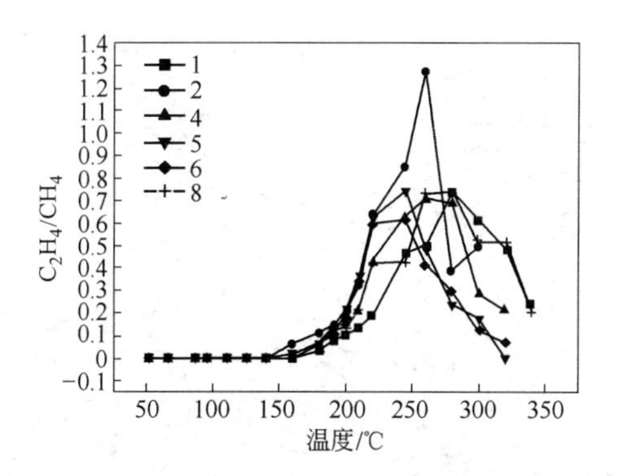

图 4-75 范各庄矿各煤样 C_2H_4/CH_4 随温度变化曲线

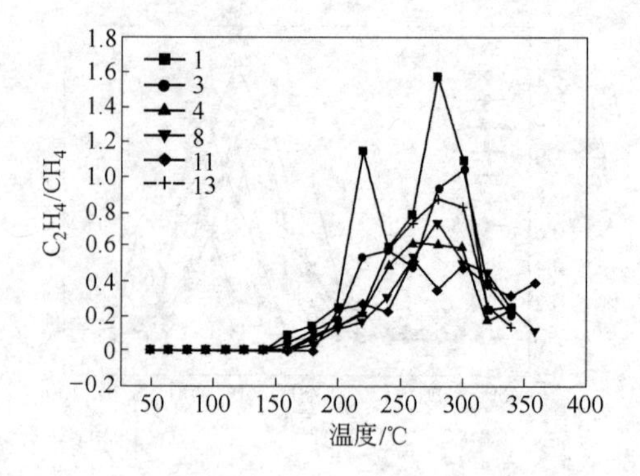

图 4-76 钱家营矿各煤样 C_2H_4/CH_4 随温度变化曲线

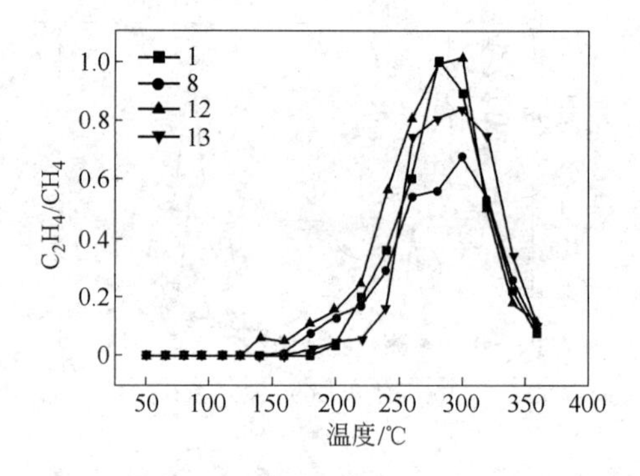

图 4-77 唐山矿各煤样 C_2H_4/CH_4 随温度变化曲线

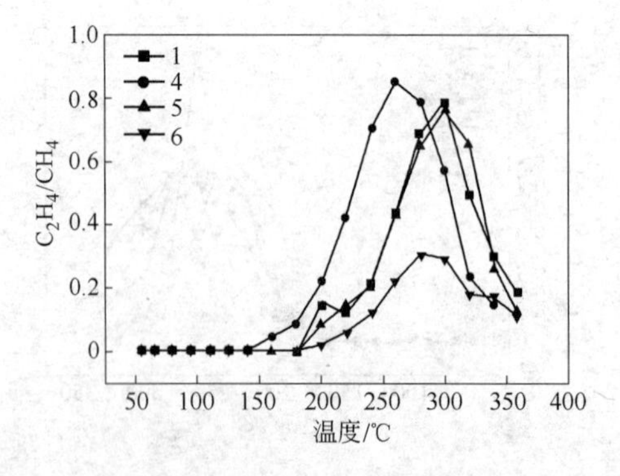

图 4-78 马家沟矿各煤样 C_2H_4/CH_4 随温度变化曲线

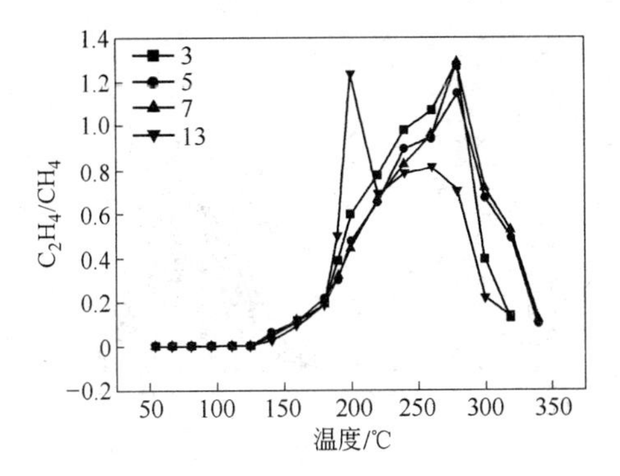

图 4-79 东欢坨矿各煤样 C_2H_4/CH_4随温度变化曲线

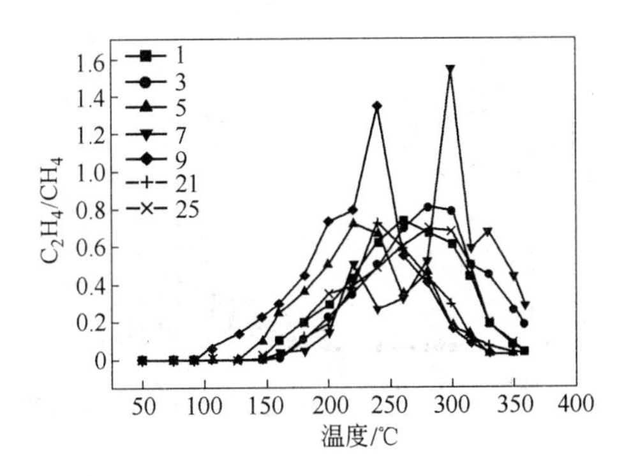

图 4-80 林南仓矿各煤样 C_2H_4/CH_4随温度变化曲线

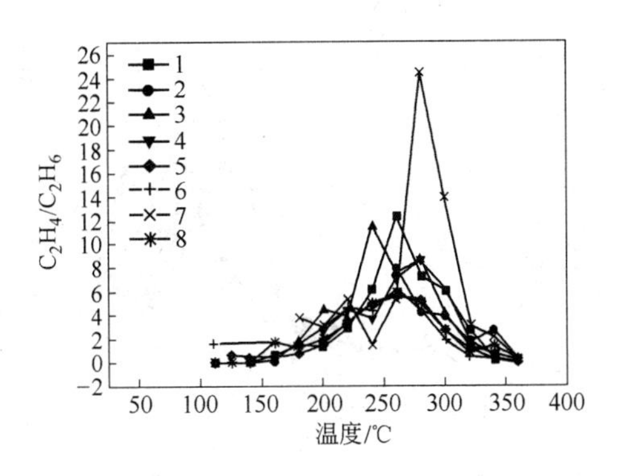

图 4-81 荆各庄矿各煤样 C_2H_4/C_2H_6随温度变化曲线

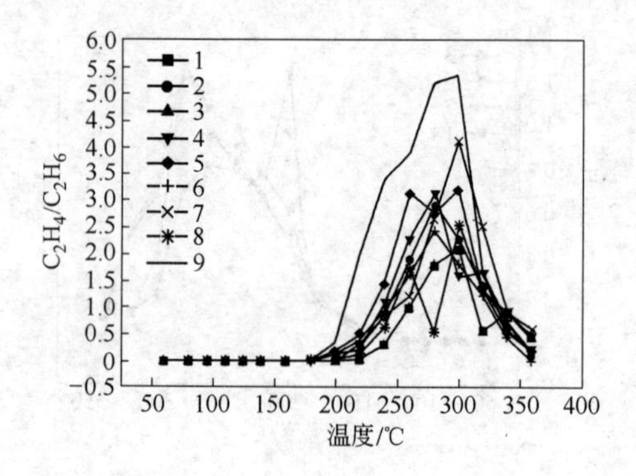

图 4-82　赵各庄矿各煤样 C_2H_4/C_2H_6 随温度变化曲线

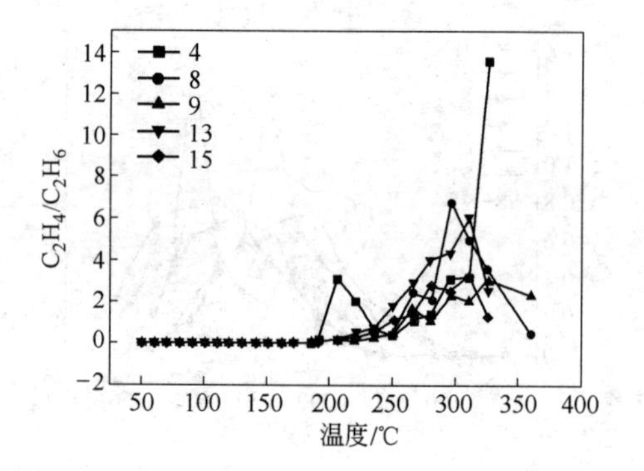

图 4-83　吕家坨矿 C_2H_4/ C_2H_6 随温度变化曲线

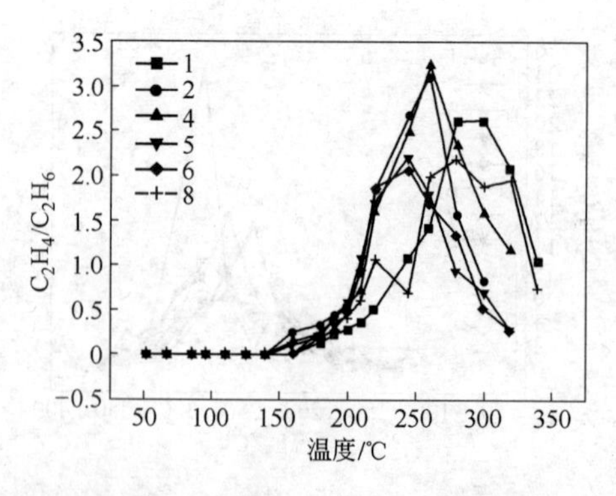

图 4-84　范各庄矿各煤样 C_2H_4/C_2H_6 随温度变化曲线

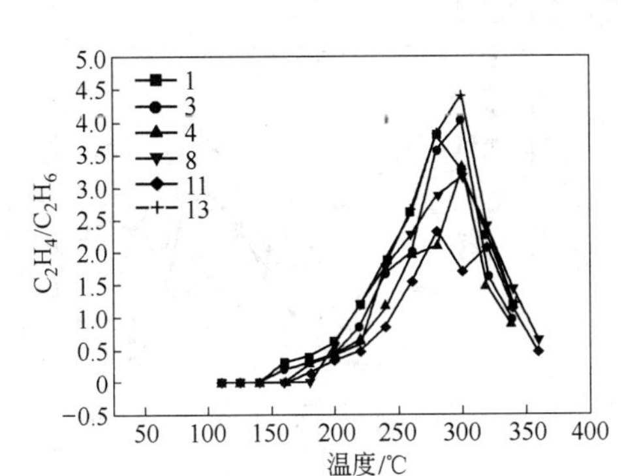

图 4-85 钱家营矿各煤样 C_2H_4/C_2H_6 随温度变化曲线

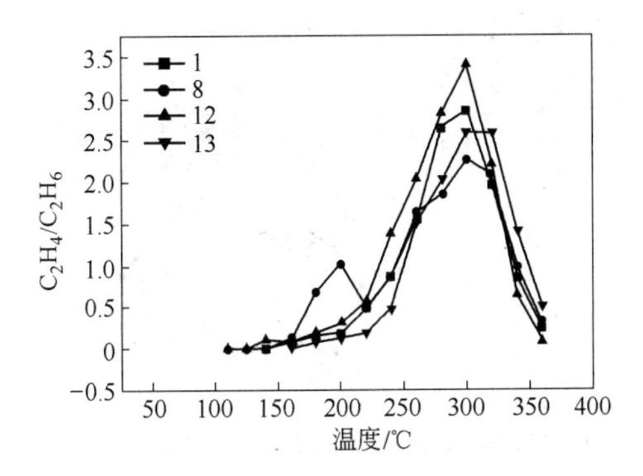

图 4-86 唐山矿各煤样 C_2H_4/C_2H_6 随温度变化曲线

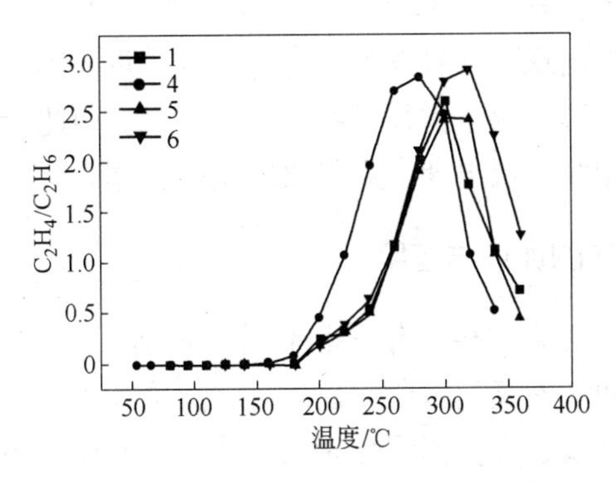

图 4-87 马家沟矿各煤样 C_2H_4/C_2H_6 随温度变化曲线

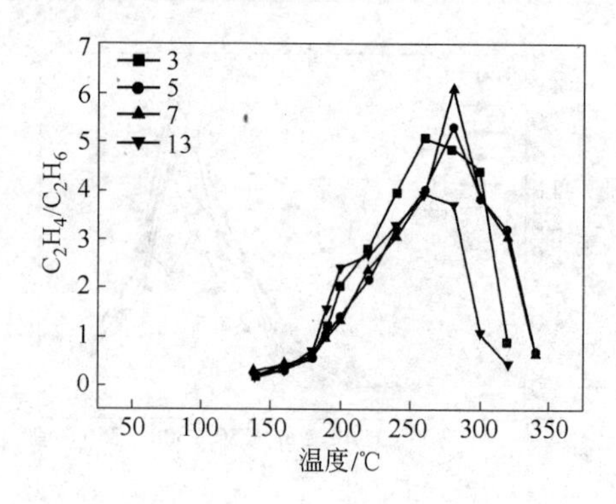

图 4-88 东欢坨矿各煤样 C_2H_4/C_2H_6 随温度变化曲线

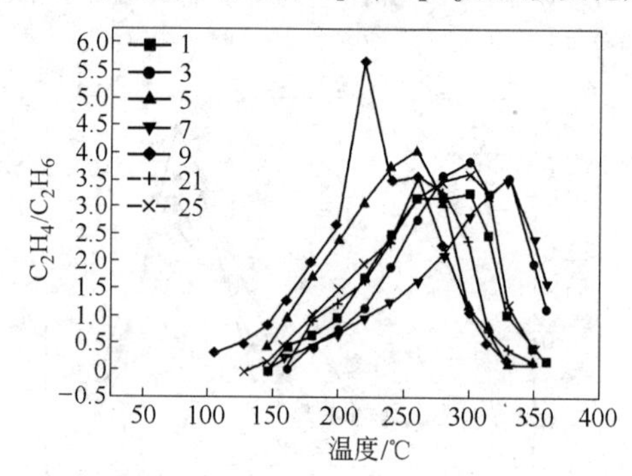

图 4-89 林南仓矿各煤样 C_2H_4/C_2H_6 随温度变化曲线

4.2.1.6 乙炔(C_2H_2)

由实验结果可知，乙炔（C_2H_2）的产生量随温度变化毫无规律性，只在某些点出现，并且含量非常低。低含量的乙炔被检测出不排除仪器灵敏度的影响及色谱仪基线漂移的结果。因此乙炔不适合作为开滦矿区各矿预测煤层早期自然发火的指标气体。

4.2.2 指标气体的优选与应用

实验表明，煤的自燃具有三个不同的氧化阶段：缓慢氧化阶段、加速氧化阶段和激烈氧化阶段。通过对开滦矿区各矿进行自燃氧化模拟分析，三个阶段的温度范围分别为：小于 180℃、180 ~ 300℃ 和大于 300℃。

通过对各矿煤样的氧化实验分析，可以把 CO、C_2H_4、C_2H_6和C_2H_4/C_2H_6作为煤层自然发火的指标气体。各指标气体的应用如下：

（1）CO 在三个氧化阶段都出现，只要检测到 CO 的存在，就说明煤体已有高温点出现，发火点温度已经达到了50℃以上；如果 CO 的浓度持续增加，说明氧化进一步加强；当出现剧烈变化点时，氧化进入加速阶段，很快就会进入燃烧期，此时，必须采取有效的预防措施，直到 CO 的浓度降下来。因此，CO 是首选指标，预报温度为50～180℃。

（2）C_2H_4的灵敏度较高，准确性较好，乙烯出现的临界温度为100～150℃，大体上在120℃时发生，因此，只要检测到微量的C_2H_4，便可以判定煤体温度已达到120℃左右。在180～300℃之间，乙烯的产生量与温度变化呈现良好的线性相关规律，因而在180～300℃之间选取C_2H_4作为预测预报的指标气体。

（3）C_2H_6是自然发火的一个重要辅助指标。当检测到了 CO、C_2H_4时，还要观察C_2H_6的浓度变化，当C_2H_6浓度曲线出现第一个拐点时，说明发火进入了加速氧化阶段；出现第二个拐点时，预示着发火已进入激烈氧化阶段。

（4）C_2H_4/C_2H_6也是自然发火的一个重要辅助指标。由于其受风流的影响较小，能够准确地预测自燃的发展阶段。当出现峰值时，表明氧化将要进入激烈氧化阶段。

总之，在进行发火预测时，应综合考虑各指标，以 CO、C_2H_4为主，C_2H_6、C_2H_4/C_2H_6为辅，使得预测更加准确。

5 煤自然发火预测预报系统的建立

在建立预报指标体系时，必须考虑以下几方面的问题：

（1）采用的指标要能克服通风条件的影响。双组分指标中的烯烷比或链烷比具有较好的特性。

（2）宜建立包含2~3种指标的指标体系。指标单一容易产生漏报或误报，因为目前还不能找到一种绝对可靠的指标。指标过多，需检测的气体组分增多，不利于现场应用。建立包含一定数量指标的指标体系，通过各指标之间的相互印证，提高预报精度。

（3）建立指标可信度的评价体系，当各指标给出不同甚至相反的预报结果时，能对各指标的可信度做出评价。

（4）在确定指标的预报值时，应综合考虑试验条件和实际条件的区别，采取适当的方法加以修正。

煤炭自然发火预测预报的目的是在煤没有燃烧以前发出预报，并及时采取措施，将火灾消灭于萌芽之中。做好煤炭自然发火早期预测预报工作是预防自燃火灾的关键。目前普遍采用的预测方法是气体分析法，即根据煤炭在氧化过程中产生的一系列反映煤炭自燃特征的气体如CO、C_2H_4、C_3H_8等来进行早期预测预报。在实际应用中，人们经常会发现各标志气体会给出不同甚至相反的预报结果，这时就必须要对各标志气体的可信度做出评价，否则容易产生漏报或误报。利用灰色关联分析法，可以通过计算各标志气体与煤自燃氧化温度之间的关联度，来确定各标志气体的可信度。在此基础上建立煤自然发火预测预报系统。

5.1 各指标气体可信度的灰色关联分析法

5.1.1 灰色关联分析

所谓关联分析，就是系统的因素分析。它回答的问题是某个包含多种因素的系统中，哪些因素是主要的，哪些是次要的；哪些因素影响大，哪些因素影响小。

1982 年我国著名专家邓聚龙教授首次提出灰色系统理论，灰色关联分析应运而生。灰色关联分析作为一种系统分析技术，是分析系统中各因素关联程度的方法，或者说是对系统动态过程发展态势的量化比较分析的方法。其基本思路是根据系统动态过程发展态势的量化（即系统有关统计数据的几何关系及其相似程度）比较分析，把系统有关因素之间的各种关系展现在人们面前，为系统预测、决策、控制提供有用信息和比较可靠的依据。由于这种方法能使灰色系统各因素之间的“灰”关系“白”化（清晰化），所以把它称之为灰色关联分析，简称关联分析。灰因素间的关联度分析主要用于分析各因素之间的动态关系及其特征，分析哪些因素关系较密切，哪些因素不够密切，从而找到系统的主要矛盾和主要特征。此法不需太多的样本，便能较好地确定出各种影响因素的主次关系。

关联分析首先要确定参考序列（即数列）。所谓参考序列，就是作比较的“母序列”，记为 $y_i(i=1, 2, 3, \cdots, m)$，$m$ 表示参考序列的个数。将关联分析中与参考序列作关联程度比较的“子序列”称为比较序列，记为 $x_j(j=1, 2, \cdots, s)$，s 表示比较序列的个数。

如果利用 n 次试验所得到的数列，则系统的每个参考序列和比较序列就形成如下数列：

$$Y_i=[y_i(1), y_i(2), \cdots, y_i(k), \cdots, y_i(n)]$$

$$X_i=[x_j(1), x_j(2), \cdots, x_j(k), \cdots, x_j(n)]$$

式中 $y_i(k)$，$x_j(k)$ ——分别为系统的第 i 个参考序列和第 j 个比较序列在第 k 次试验时的数据。

由于各变量数据单位不一致，因此需对样本数据序列进行无量纲化，同时所有数据序列还须有公共交点，以保证计算出的灰关联系数的准确性。为此需将原始数据序列作初值化或均值化处理。

初值化的方法是将所有变量数据序列分别各用第 1 个数据除之，得到新的数列，这个新数列就是各不同时刻的值相对于第 1 个时刻值的相对值。初值化方法，在一般情况下适用于社会经济系统的无量纲化，因为这些系统多属于稳定增长趋势，通过初值化处理后，这种趋势更加明显。

均值化的方法是指同一数列的所有数据，均除以该数列的平均值，得到一个新的数列。这个新的数列，即是各个时刻的数值相对于该数列平均值的倍数的数列。均值化方法，一般用于产业结构变化、自然因素周期性变化等关联分析。本书所采用的即为均值化方法。

均值化处理后上述两式变为：

$$Y_i^1 = [y_i^1(1), y_i^1(2), \cdots, y_i^1(k), \cdots, y_i^1(n)]$$

$$X_i^1 = [x_j^1(1), x_j^1(2), \cdots, x_j^1(k), \cdots, x_j^1(n)]$$

其中：

$$y_i^1(k) = Y_i^1(k)/Y_i(k)$$

$$x_j^1(k) = X_j^1(k)/X_j(k)$$

灰关联分析方法就是通过计算系统的参考序列与比较序列之间的关联程度，建立起灰关联矩阵，得出各相关因素中的主次关系。

关联系数的计算公式为：

$$\xi_i(k) = \frac{\xi \min_i \min_k |t(k) - X_i(k| + \xi \max_i \max_k |t(k) - X_i(k)|}{|t(k) - X_i(k)| + \xi \max_i \max_k |t(k) - X_i(k)|}$$

式中 $\xi_i(k)$ —— X_i 对 t 在 k 时刻的灰关联系数；

ξ ——分辨率系数，一般取值在 0 与 1 之间，本例中取 $\xi = 0.5$。

关联系数的数目和试验的次数一致。通常试验次数很多，因此关联系数的数目也很多，信息过于分散。为了便于比较，常采用求平均值的方法处理这种信息，即将各个时刻的关联系数化为一个量值，称为该相关因素的关联度，从而可对各相关因素的关联度进行比较分析。

关联度的一般表达式为：

$$\gamma_{ij} = \frac{1}{N}\sum_{k=1}^{N} \xi_{ij}(k)$$

从而可得到关联度矩阵：

$$r_{ij} = \begin{bmatrix} r_{11} & r_{12} & r_{13} & \cdots & r_{1s} \\ r_{21} & r_{22} & r_{23} & \cdots & r_{2s} \\ \vdots & \vdots & \vdots & & \vdots \\ r_{m1} & r_{m2} & r_{m3} & \cdots & r_{ms} \end{bmatrix}$$

当参考序列和比较序列不只一个时，这种关联分析就叫做优势分析。由母序列与子序列构成关联矩阵，通过关联矩阵，分析各因素之间的关系，找出优势因素和非优势因素。

5.1.2 指标气体与煤温的灰色关联分析

根据标志气体的分析结果判断煤炭的温度或自燃过程是早期预测预报煤炭自然发火的一项重要措施，在我国的许多矿区得到了广泛的应用。在实践过程中，人们经常会发现各指标会给出不同甚至相反的预报结果，这时就必须要对各指标的可信度作出评价，否则容易产生漏报或误报。本书采用灰色关联分析法，通过计算各指标气体与煤自燃氧化温度的关联程度，来评判各指标气体的可信度。

以开滦赵各庄矿为例：由实验结果和赵各庄矿气样检测结果来看，缓慢氧化阶段的指标气体主要是一氧化碳和二氧化碳，二氧化碳作为辅助指标，只起参考作用，或一氧化碳无法检测时才把二氧化碳作为预测的主要指标。在这一阶段通过观察它们的浓度变化，就可预知煤氧化进展情况，不需要进行关联分析。而在加速氧化阶段，乙烯和乙烷的出现使得预测指标增多，预测准确性增强的同时，各指标气体之间又会产生矛盾，此时就有必要区分出主要因素和次要因素，而且此阶段是煤炭自然发火早期预测预报的关键时期。而激烈氧化阶段，煤已经接近燃烧，对于预测预报已没有意义。所以，选取了温度（t）在［180，300］之间对各气体指标进行关联分析。

以温度（t）为参考序列，气体指标 CO（X_1）、C_2H_4（X_2）、C_2H_6（X_3）、C_2H_4/C_2H_6（X_4）为比较序列。

参考序列：

$$t(k) = \{t(1), t(2), \cdots, t(m)\} \qquad (k = 1, 2, \cdots, m)$$

比较序列：

$$X_1(k) = \{X_1(1), X_1(2), \cdots, X_1(m)\}$$

$$X_2(k) = \{X_2(1), X_2(2), \cdots, X_2(m)\}$$

$$X_3(k) = \{X_3(1), X_3(2), \cdots, X_3(m)\}$$

$$X_4(k) = \{X_4(1), X_4(2), \cdots, X_4(m)\} \qquad (k = 1, 2, \cdots, m)$$

比较序列矩阵为：

$$X_i = \begin{bmatrix} X_1(1) & X_1(2) & \cdots & X_1(m) \\ X_2(1) & X_2(2) & \cdots & X_2(m) \\ X_3(1) & X_3(2) & \cdots & X_3(m) \\ X_4(1) & X_4(2) & \cdots & X_4(m) \end{bmatrix}$$

下面以赵各庄矿1号煤样为例进行关联分析说明，1号煤样升温氧化结果见表5-1。

表5-1 1号煤样升温氧化结果

温度/℃	CO浓度/%	C_2H_4 浓度/%	C_2H_6 浓度/%	C_2H_4/C_2H_6
180	107.8866×10^{-4}	1.4235×10^{-4}	0.9654×10^{-4}	1.47
200	196.5793×10^{-4}	2.3645×10^{-4}	1.2146×10^{-4}	1.94
220	481.8263×10^{-4}	3.5364×10^{-4}	1.8296×10^{-4}	1.93
240	1236.953×10^{-4}	4.5049×10^{-4}	4.8865×10^{-4}	0.921
260	2083.43×10^{-4}	7.9762×10^{-4}	4.3049×10^{-4}	1.852
280	2356.748×10^{-4}	7.4876×10^{-4}	3.0207×10^{-4}	2.478
300	2263.437×10^{-4}	4.3777×10^{-4}	1.7771×10^{-4}	2.46

（1）确定参考序列和比较序列。以温度为参考序列：

$$t = \{180, 200, 220, 240, 260, 280, 300\}$$

各气体指标为比较序列：

$$X_i = \begin{Bmatrix} 107.89 & 196.58 & 481.82 & 1236.95 & 2083.43 & 2356.75 & 2263.44 \\ 1.42 & 2.36 & 3.54 & 4.50 & 7.98 & 7.49 & 4.38 \\ 0.96 & 1.21 & 1.83 & 4.89 & 4.30 & 3.02 & 1.78 \\ 1.47 & 1.94 & 1.93 & 0.92 & 1.85 & 2.48 & 2.46 \end{Bmatrix}$$

（2）利用均值法进行无量纲化处理：

$$t = \{0.75, 0.83, 0.92, 1.00, 1.08, 1.17, 1.25\}$$

$$X_i = \begin{Bmatrix} 0.09 & 0.16 & 0.39 & 0.99 & 1.67 & 1.89 & 1.82 \\ 0.31 & 0.52 & 0.78 & 0.99 & 1.76 & 1.65 & 0.97 \\ 0.38 & 0.47 & 0.71 & 1.90 & 1.67 & 1.16 & 0.69 \\ 0.79 & 1.04 & 1.03 & 0.49 & 0.99 & 1.33 & 1.32 \end{Bmatrix}$$

（3）求绝对差值（$|t(k)-X_i(k)|$）：

$$\Delta_i=\begin{Bmatrix}0.66 & 0.67 & 0.53 & 0.01 & 0.59 & 0.72 & 0.57\\ 0.44 & 0.31 & 0.14 & 0.01 & 0.68 & 0.48 & 0.28\\ 0.37 & 0.36 & 0.21 & 0.90 & 0.59 & 0.01 & 0.56\\ 0.04 & 0.21 & 0.11 & 0.51 & 0.09 & 0.16 & 0.07\end{Bmatrix}$$

（4）计算两级最大差和最小差。其中：

1）两级最大差：

$$\Delta_{\max}=\max_i\max_k\Delta_i=1.12$$

2）两级最小差：

$$\Delta_{\min}=\min_i\min_k\Delta_i=0.01$$

（5）计算关联系数。取分辨率系数 $\xi=0.5$，由公式：

$$\xi_i(k)=\frac{\xi\min\limits_i\min\limits_k|t(k)-X_i(k)|+\xi\max\limits_i\max\limits_k|t(k)-X_i(k)|}{|t(k)-X_i(k)|+\xi\max\limits_i\max\limits_k|t(k)-X_i(k)|}$$

代入数据得：

$$\xi_i(k)=\begin{Bmatrix}0.47 & 0.46 & 0.52 & 0.98 & 0.50 & 0.45 & 0.44\\ 0.57 & 0.65 & 0.81 & 1.00 & 0.46 & 0.55 & 0.68\\ 0.61 & 0.62 & 0.75 & 0.39 & 0.49 & 1.00 & 0.51\\ 0.95 & 0.74 & 0.85 & 0.53 & 0.88 & 0.80 & 0.91\end{Bmatrix}$$

（6）计算比较序列 X_i 和参考序列 t 的关联度，采用公式：

$$\gamma_i=\frac{1}{7}\sum_{k=1}^{7}\xi_i(k)\qquad(i=1,2,3,4,5)$$

代入数据得：

$$r_i=\begin{pmatrix}0.55\\ 0.67\\ 0.62\\ 0.81\end{pmatrix}$$

同理可以计算其他各煤样的灰色关联度。2～9 号煤样氧化结果见表 5-2～表 5-9。

表 5-2 2 号煤样氧化结果

温度/℃	CO 浓度/%	CO_2浓度/%	C_2H_4浓度/%	C_2H_6浓度/%	C_2H_4/C_2H_6
180	138.2514×10^{-4}	499.0143×10^{-4}	1.1235×10^{-4}	4.2344×10^{-4}	0.265
200	340.8147×10^{-4}	771.4232×10^{-4}	2.7763×10^{-4}	4.1449×10^{-4}	0.670
220	699.9014×10^{-4}	1233.775×10^{-4}	3.6854×10^{-4}	3.122×10^{-4}	1.180
240	1550.109×10^{-4}	3170.209×10^{-4}	4.445×10^{-4}	3.0334×10^{-4}	1.46
260	1630.383×10^{-4}	4215.555×10^{-4}	3.8475×10^{-4}	1.2209×10^{-4}	3.15
280	2001.078×10^{-4}	4250.754×10^{-4}	3.5783×10^{-4}	1.2815×10^{-4}	2.79
300	2076.64×10^{-4}	5796.805×10^{-4}	3.192×10^{-4}	0.9867×10^{-4}	3.23

表 5-3 3 号煤样氧化结果

温度/℃	CO 浓度/%	C_2H_4浓度/%	C_2H_6浓度/%	C_2H_4/C_2H_6
180	105.7963×10^{-4}	0.4066×10^{-4}	15.0954×10^{-4}	0.027
200	179.4453×10^{-4}	1.5683×10^{-4}	17.0786×10^{-4}	0.092
220	377.7538×10^{-4}	2.4066×10^{-4}	10.5426×10^{-4}	0.228
240	802.4632×10^{-4}	4.0699×10^{-4}	6.2964×10^{-4}	0.646
260	1812.414×10^{-4}	6.9233×10^{-4}	6.9033×10^{-4}	1
280	2382.164×10^{-4}	9.9945×10^{-4}	5.5195×10^{-4}	1.81
300	2551.854×10^{-4}	8.9748×10^{-4}	4.2742×10^{-4}	2.09

表 5-4 4 号煤样氧化结果

温度/℃	CO 浓度/%	C_2H_4浓度/%	C_2H_6浓度/%	C_2H_4/C_2H_6
180	71.5572×10^{-4}	0.245×10^{-4}	0.5499×10^{-4}	0.446
200	182.7398×10^{-4}	0.965×10^{-4}	1.6153×10^{-4}	0.597
220	421.3026×10^{-4}	1.687×10^{-4}	2.1×10^{-4}	0.803
240	291.7532×10^{-4}	2.5724×10^{-4}	3.0451×10^{-4}	0.84
260	1972.085×10^{-4}	5.9414×10^{-4}	3.1355×10^{-4}	1.89
280	2204.159×10^{-4}	6.3987×10^{-4}	2.1914×10^{-4}	2.92
300	2078.277×10^{-4}	2.5171×10^{-4}	1.0952×10^{-4}	2.29

表 5-5 5 号煤样氧化结果

温度/℃	CO 浓度/%	C_2H_4浓度/%	C_2H_6浓度/%	C_2H_4/C_2H_6
180	83.3679×10^{-4}	0.5671×10^{-4}	0.9071×10^{-4}	0.625
200	173.4292×10^{-4}	1.0560×10^{-4}	1.4344×10^{-4}	0.736
220	431.3358×10^{-4}	2.5061×10^{-4}	2.9176×10^{-4}	0.859
240	1050.067×10^{-4}	3.4658×10^{-4}	3.899×10^{-4}	0.89
260	2252.254×10^{-4}	8.3358×10^{-4}	6.9403×10^{-4}	1.2
280	2760.234×10^{-4}	12.9329×10^{-4}	4.8624×10^{-4}	2.66
300	2784.391×10^{-4}	7.8481×10^{-4}	1.8938×10^{-4}	4.14

表 5-6 6 号煤样氧化结果

温度/℃	CO 浓度/%	C_2H_4浓度/%	C_2H_6浓度/%	C_2H_4/C_2H_6
180	100.3606×10^{-4}	0.2105×10^{-4}	7.1776×10^{-4}	0.029
200	201.6884×10^{-4}	0.7142×10^{-4}	7.3012×10^{-4}	0.098
220	435.2057×10^{-4}	1.7053×10^{-4}	4.858×10^{-4}	0.351
240	1046.962×10^{-4}	2.297×10^{-4}	3.588×10^{-4}	0.64
260	1679.637×10^{-4}	2.6034×10^{-4}	1.4688×10^{-4}	1.77
280	2239.238×10^{-4}	2.8216×10^{-4}	1.5424×10^{-4}	1.829
300	2635.949×10^{-4}	3.7655×10^{-4}	1.4662×10^{-4}	2.57

表 5-7 7 号煤样氧化结果

温度/℃	CO 浓度/%	C_2H_4浓度/%	C_2H_6浓度/%	C_2H_4/C_2H_6
180	89.2179×10^{-4}	0.689×10^{-4}	4.4002×10^{-4}	0.157
200	247.7828×10^{-4}	1.3957×10^{-4}	4.0021×10^{-4}	0.349
220	877.6983×10^{-4}	4.4129×10^{-4}	6.7058×10^{-4}	0.658
240	2255.1453×10^{-4}	7.5588×10^{-4}	6.6605×10^{-4}	1.13
260	3124.7856×10^{-4}	11.393×10^{-4}	4.978×10^{-4}	2.28
280	3222.2053×10^{-4}	10.3513×10^{-4}	3.2975×10^{-4}	3.14
300	3273.6902×10^{-4}	3.8565×10^{-4}	2.4071×10^{-4}	1.6

表 5-8 8 号煤样氧化结果

温度/℃	CO 浓度/%	C_2H_4浓度/%	C_2H_6浓度/%	C_2H_4/C_2H_6
180	121.2886×10^{-4}	0.2431×10^{-4}	0.6623×10^{-4}	0.37
200	236.1138×10^{-4}	0.4862×10^{-4}	1.3745×10^{-4}	0.35
220	526.6724×10^{-4}	0.5898×10^{-4}	0.2899×10^{-4}	2.03
240	1189.574×10^{-4}	1.771×10^{-4}	0.5165×10^{-4}	3.43
260	2085.175×10^{-4}	3.5278×10^{-4}	0.9033×10^{-4}	3.9
280	2388.133×10^{-4}	4.1269×10^{-4}	0.7874×10^{-4}	5.24
300	3707.766×10^{-4}	2.8617×10^{-4}	0.5356×10^{-4}	5.34

表 5-9 9 号煤样氧化结果

温度/℃	CO 浓度/%	C_2H_4浓度/%	C_2H_6浓度/%	C_2H_4/C_2H_6
180	125.9913×10^{-4}	0.4625×10^{-4}	6.5298×10^{-4}	0.07
200	319.1622×10^{-4}	0.8722×10^{-4}	6.1354×10^{-4}	0.14
220	580.0699×10^{-4}	1.9786×10^{-4}	4.7598×10^{-4}	0.41
240	1239.484×10^{-4}	4.6358×10^{-4}	4.935×10^{-4}	0.94
260	2059.264×10^{-4}	8.4677×10^{-4}	5.1813×10^{-4}	1.63
280	2442.764×10^{-4}	10.5606×10^{-4}	4.295×10^{-4}	2.45
300	2300.57×10^{-4}	4.9705×10^{-4}	2.7105×10^{-4}	1.83

各煤样的灰色关联度见表 5-10。

表 5-10 各煤样的灰色关联度

煤样编号	CO	C_2H_4	C_2H_6	C_2H_4/C_2H_6
1	0.55	0.67	0.62	0.81
2	0.55	0.75	0.48	0.55
3	0.61	0.68	0.66	0.64
4	0.43	0.53	0.67	0.56
5	0.55	0.58	0.67	0.61
6	0.68	0.71	0.63	0.61
7	0.55	0.55	0.69	0.60
8	0.64	0.67	0.76	0.71
9	0.56	0.57	0.72	0.53

9 个煤样各指标的平均值与温度的关联度见表 5-11。

表 5-11 煤样平均值的灰色关联度

煤 样	CO	C_2H_4	C_2H_6	C_2H_4/C_2H_6
平均值	0.47	0.59	0.68	0.53

由表5-10和表5-11可以看出，在加速氧化阶段即温度（t）在[180，300]范围内，C_2H_4、C_2H_6、C_2H_4/C_2H_6与温度的关联度要比CO高，也就是说，在此阶段（180～300℃）C_2H_4、C_2H_6、C_2H_4/C_2H_6的预测结果正确性的可信度要比CO高。

通过以上分析可知，在缓慢氧化阶段，出现的标志气体为CO和C_2H_6，CO出现较早，而且随温度变化，表现出来的规律性要强于C_2H_6，所以该阶段主要用标志气体CO进行预测预报；但在加速氧化阶段，通过对各标志气体灰色关联分析可知，烃类气体指标（C_2H_4、C_2H_6、C_2H_4/C_2H_6）要比CO的可信度高，所以在此阶段，当烃类气体指标的预测结果与CO的预测结果发生矛盾时，要以烃类气体指标为主要依据，避免发生误报。

5.2 预测预报系统的建立

通过实验结果分析，适合于赵各庄矿煤炭自然发火预测预报的标志气体为CO、C_2H_4、C_2H_6和C_2H_4/C_2H_6，要建立预测系统，首先要建立标志气体与煤氧化温度之间的数学模型。在缓慢氧化阶段，预测指标主要是CO，因此建立在该阶段CO浓度与温度关系模型；在加速氧化阶段，CO、C_2H_4、C_2H_6都出现了，用这几种指标同时进行预测，预报结果难免出现不同或相反，因此用灰色关联分析法对它们的可信度进行了评价，并得出在加速氧化阶段烃类气体指标（C_2H_4、C_2H_6、C_2H_4/C_2H_6）要比CO的可信度高，也就是说作为标志气体，在此阶段烃类气体指标（C_2H_4、C_2H_6、C_2H_4/C_2H_6）要优于CO。煤在氧化过程中释放的C_2H_4和C_2H_6的量很少，容易受到外界因素的干扰，会给分析结果带来误差，而C_2H_4/C_2H_6克服了通风条件的影响，作为预测指标要优于C_2H_4和C_2H_6，所以选用C_2H_4/C_2H_6比值与温度关系模型作为预测模型，同时做出了在此阶段CO浓度与温度关系模型，二者相互印证。

5.2.1 预测指标数学模型的建立

5.2.1.1 CO 浓度与温度关系模型

A 建模

因为此次所采煤样主要是主采煤层 9 煤层和 12 煤层，煤岩成分和煤质大致相同，而且实验条件完全相同，所以我们把 9 个煤样看作是进行了 9 次重复试验，并对 CO 浓度进行加权平均，而且截取温度范围在 50～300℃之间，得到各数值如表 5-12 所示。

表 5-12 CO 浓度与温度对应数值

实际温度 y/℃	50	65	80	95	110	125	140	160
回归温度 $\hat{y}$/℃	49.64	65.67	79.68	94.82	110.72	125.68	137.77	161.40
CO 浓度 x/%	6.71×10^{-4}	11.67×10^{-4}	16.38×10^{-4}	21.93×10^{-4}	28.53×10^{-4}	35.82×10^{-4}	42.93×10^{-4}	63.47×10^{-4}
实际温度 y/℃	180	200	220	240	260	280	300	
回归温度 $\hat{y}$/℃	179.62	195.39	210.61	241.97	271.84	283.20	288.58	
CO 浓度 x/%	104.86×10^{-4}	230.86×10^{-4}	536.86×10^{-4}	1251.39×10^{-4}	2077.71×10^{-4}	2444.08×10^{-4}	2630.29×10^{-4}	

自然发火预测预报就是通过检测指标气体的浓度来预测煤自燃氧化的具体情况。因为 CO 浓度在不同氧化阶段随温度变化趋势不一样，其模型的参数值也不一样，所以将其变化过程分为两个阶段，即缓慢氧化阶段（50～180℃）和加速氧化阶段（180～300℃）来进行数学模拟，构造数学模型。首先作出散点图 5-1 和图 5-2。

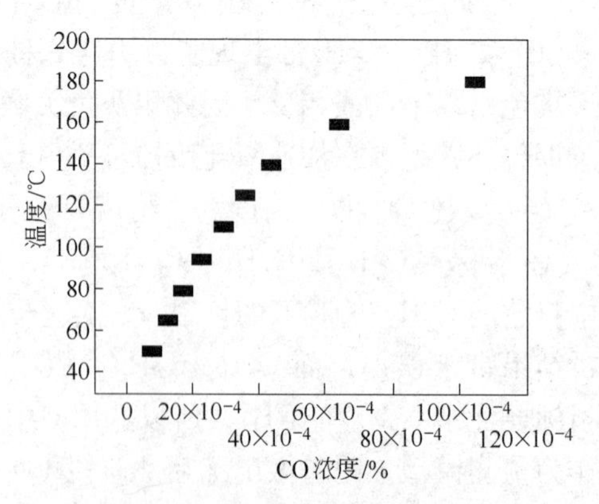

图 5-1 缓慢氧化阶段

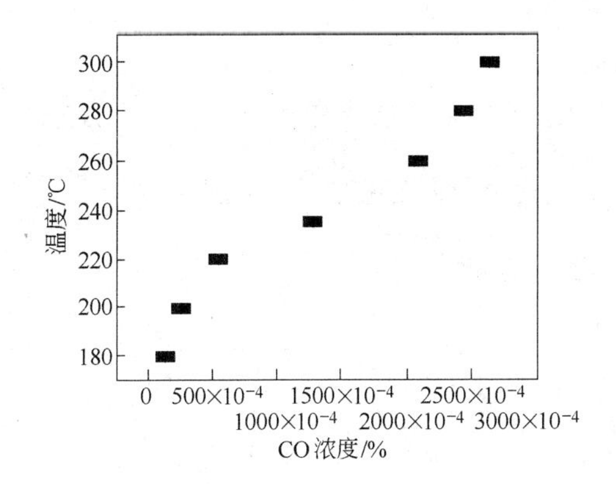

图5-2 加速氧化阶段

由 Origin 作图软件对实验数据进行模拟，CO 浓度与温度关系模型为：

$$y = \frac{A_1 - A_2}{1 + e^{\left(\frac{x-x_0}{d_x}\right)}} + A_2$$

式中 y——温度；

x——CO 浓度。

（1）缓慢氧化阶段（50～180℃）：

$A_1 = -218.79891$，$A_2 = 184.99497$，$x_0 = -11.84039$，$d_x = 27.09434$

（2）加速氧化阶段（180～300℃）：

$A_1 = -3173.61574$，$A_2 = 394.05644$，

$x_0 = -10054.25249$，$d_x = 3633.35898$

B 残差检验

所谓残差就是这样的 n 个差：$e_i = y_i - \hat{y}_i$（$i = 1, 2, \cdots, n$），这里 y_i 是观测值，$\hat{y}_i$ 是利用回归方程得到的相应拟合值。这个差值是回归方程不能解释的量，因此，如果模型正确，就可将 e_i 看作是观测误差。在进行回归分析时，通常假定这些误差相互独立，具有零均值和固定的方差 σ^2。为求置信区间和进行假设检验，还假定误差服从正态分布。这样如拟合模型正确，残差就应呈现出证实所作的假定

的趋势。假定残差 $e_i \sim N(0,\sigma^2)$ 。

a 均值检验

设 $\bar{e}$ 和 S^2 分别为样本均值和样本方差，由于方差 σ^2 未知，$S^2 = \frac{1}{n-1}\sum_{i=1}^{n}(e_i - \bar{e})^2$ 是 σ^2 的无偏估计，则采用 $t = \frac{\bar{e} - u_0}{S/\sqrt{n}} \sim t(n-1)$（此处 $u_0 = 0$）作为检验统计量。

检验假设：

$$H_0: u = u_0, \qquad H_1: u \neq u_0$$

当 H_0 为真时，$|t| = \left|\frac{\bar{e} - u_0}{S/\sqrt{n}}\right|$ 不应太大，故当 $|t|$ 过分大时就拒绝 H_0。对于给定的显著性水平 α，拒绝域为：

$$|t| = \left|\frac{\bar{e} - u_0}{S/\sqrt{n}}\right| \geqslant t_{\alpha/2}(n-1)$$

取 $\alpha = 0.05$ 进行检验：

（1）缓慢氧化阶段（50～180℃）：$\bar{e} = 0$，$S = 1.05$，$u_0 = 0$，$n = 9$，得 $|t| = 0$，查表得：$t_{0.025}(8) = 2.3060$

由于 $|t| < t_{0.025}(8)$，没落在拒绝域中，故接受原假设 H_0，可以接受残差的均值为0。

（2）加速氧化阶段（180～300℃）：$\bar{e} = 1.40$，$S = 8.74$，$u_0 = 0$，$n = 6$，得 $|t| = 0.358$，查表得：

$$t_{0.025}(5) = 2.5706$$

由于 $|t| < t_{0.025}$（5），没落在拒绝域中，故接受原假设 H_0，可以接受残差的均值为0。

b 方差检验

由假设 $e_i \sim N$（0，σ^2），从有 $e_i/\sigma \sim N$（0，1）。如果模型正确，则残差均方 S^2 是 σ^2 的估计。量 e_i/S 通常称为残差 e_i 的单位正态偏差形式，可以通过检验 e_i/S（$i = 1, 2, \cdots, n$）来发现假设 $e_i/\sigma \sim N$（0，1）是否正确。令 $x_i = e_i/S$，新的样本为 $x_1, x_2, \cdots, x_n$，样本方差 $S_x{}^2 = \frac{1}{n-1}\sum_{i=1}^{n}(x_i - \bar{x})^2$，则采用 $\chi^2 = \frac{(n-1)S_x^2}{\sigma_0^2} \sim \chi^2(n-1)$

（此处 $\sigma_0^2=1$）作为检验统计量。

检验假设：

$$H_0:\ \sigma^2=\sigma_0,\quad H_1:\ \sigma^2\neq\sigma_0$$

由于 S_x^2 是 σ^2 的无偏估计，当 H_0 为真时，比值 $\frac{S_x^2}{\sigma_0^2}$ 一般来说应在1附近摆动，也就是说不应过分大于1或过分小于1。对于给定的显著性水平 α，拒绝域为：

$$\frac{(n-1)\ S_x^2}{\sigma_0^2}\leqslant \chi^2_{1-\alpha/2}\ (n-1)\quad 和\quad \frac{(n-1)\ S_x^2}{\sigma_0^2}\geqslant \chi^2_{\alpha/2}\ (n-1)$$

取 $\alpha=0.05$ 进行检验：

（1）缓慢氧化阶段（50～180℃）：$S_x^2=1.00$，$\sigma_0{}^2=1$，$n=9$，得 $\chi^2=8$，查表得：

$$\chi^2_{0.975}(8)=2.180\quad 和\quad \chi^2_{0.025}(8)=17.535$$

由于 $\chi^2_{0.975}(8)<\chi^2<\chi^2_{0.025}(8)$，没落在拒绝域中，故接受原假设 H_0，可以接受单位正态偏差的方差为1。

（2）加速氧化阶段（180～300℃）：$S_x^2=1.03$，$\sigma_0{}^2=1$，$n=6$，得 $\chi^2=5.15$，查表得：

$$\chi^2_{0.975}(5)=0.831\quad 和\quad \chi^2_{0.025}(5)=12.833$$

由于 $\chi^2_{0.975}(5)<\chi^2<\chi^2_{0.025}(5)$，没落在拒绝域中，故接受原假设 H_0，可以接受单位正态偏差的方差为1。

通过以上对残差的检验，可以认为残差 $e\sim N$（0，σ），也说明模型拟合正确，可以用此模型进行煤自然发火的预测预报。

5.2.1.2 C_2H_4/C_2H_6 比值与温度关系模型

A 建模

在加速氧化阶段，C_2H_4 和 C_2H_6 气体指标开始出现，并表现出了很强的规律性，且可信度高于CO，较适合于作为标志气体。尤其二者的比值 C_2H_4/C_2H_6 可以消除实验条件及井下各因素的影响，更是良好的指标。用同样的办法，我们作出 C_2H_4/C_2H_6 与温度之间的数学模型。C_2H_4/C_2H_6 比值与温度对应值见表5-13。

表 5-13 C_2H_4/C_2H_6 比值与温度对应值

实际温度 y/℃	180	200	220	240	260	280	300
回归温度 $\hat{y}$/℃	192.40	199.28	215.79	226.24	261.59	291.82	292.89
C_2H_4/C_2H_6	0.3843	0.5524	0.9558	1.2109	2.0747	2.8130	2.8389

首先作出 C_2H_4/C_2H_6 比值与温度关系的散点图 5-3。

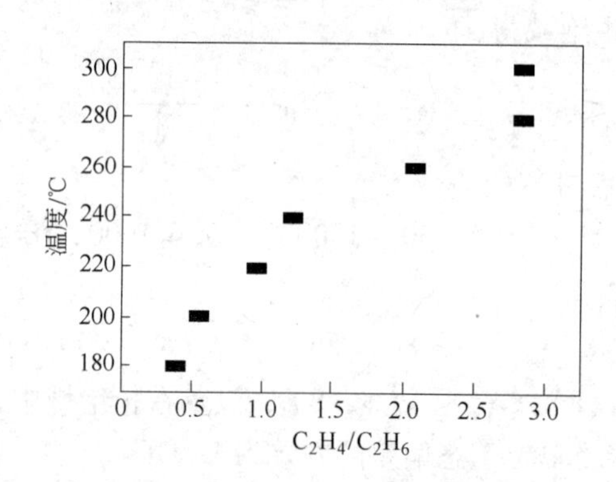

图 5-3 温度与 C_2H_4/C_2H_6 比值

由散点图可以看出，二者大致呈现线性关系，由 Origin 作图软件对实验数据进行模拟，模型为：

$$y = a + bx$$

式中 y——温度；

x——C_2H_4/C_2H_6 比值；

$a = 176.67141$，$b = 40.93261$。

B 回归显著性检验

模型建好以后，需要对其进行检验，即要对这两个变量间是否存在着线性相关的关系进行检验。

总离差平方和（SS_t）为 $\sum_{i=1}^{n}(y_i - \bar{y})^2$，残差平方和（$SS_e$）为 $\sum_{i=1}^{n}(y_i - \hat{y}_i)^2$，回归平方和（$SS_r$）为 $\sum_{i=1}^{n}(\hat{y}_i - \bar{y})^2$，并且有 $SS_t =$

$SS_e + SS_r$。SS_r 是由回归线引起的，SS_e 是由于实际观测值没有落在回归线上引起的（否则残差平方和为零）。由此可见，判别回归直线拟合程度好坏的方法是：看总离差平方和 SS_t 中包含了多少回归 SS_r 和残差 SS_e，如果回归 SS_r 远远大于残差 SS_e，即 $R^2 = \frac{SS_r}{SS_t}$接近于 1，则回归较满意。由表 5-13 可得：

$SS_r = 10648.13$，$SS_e = 554.13$，$SS_t = 11202.27$

$R^2 = 0.95$

选用统计量 $F = \frac{SS_r}{SS_e/(n-2)} \sim F(1, n-2)$，来衡量 x 和 y 间线性相关关系的相对密切程度。如果 F 值较大，则说明 x 和 y 的线性影响较大，可以认为二者之间有线性相关关系。

检验假设：

$$H_0: b = 0, \quad H_1: b \neq 0$$

当 H_0 为真时，y 不依赖于 x，此即表明 x 和 y 间不存在线性相关关系。如果否定了 H_0，即判定 $b \neq 0$，也就是说 x 和 y 间有线性相关关系。对于给定的显著性水平 α，拒绝域为：

$F = \frac{SS_r}{SS_e/(n-2)} > F_\alpha(1, n-2)$，否定“$H_0$：$b = 0$”，即认为线性回归显著。

取 $\alpha = 0.05$，$n = 7$，计算得 $F = 96.08$，查表得：

$$F_{0.05}(1,5) = 6.61$$

因为 $F = 96.08 > F_{0.05}(1,5)$，否定了 H_0 假设，可以认为直线回归显著。

由于实验室的条件与实际条件有着一定的区别，利用实验数据所得的温度值与井下实际温度必然存在着一定的误差，所以预测模型应为：

CO：
$$y + \Delta y = \frac{A_1 - A_2}{1 + e^{\left(\frac{x - x_0}{d_x}\right)}} + A_2$$

C_2H_4/C_2H_6：
$$y + \Delta y = a + bx$$

式中 Δy——温度修正值。

Δy 的值需要在该矿的生产实践中获得。

5.2.2 预测系统的开发

建立完善的预测预报系统是自燃火灾防治的关键。开滦赵各庄矿自然发火比较严重，1953 年至 1984 年，共发生了 187 次自燃火灾，近几年煤体内经常有高温点出现。但该矿在采用气体分析法进行预测预报时，没有做过系统的研究，对于本矿的自然发火规律不是很清楚，也没明确适合于本矿的标志气体。为此，我们在该矿主采煤层 9 煤层和 12 煤层采取了 9 个煤样，分别进行了自燃倾向性实验和煤升温氧化实验。通过分析实验结果，研究该矿的自然发火规律。

通过分析煤层自燃倾向性实验的结果，可知赵各庄矿 9 煤层和 12 煤层均属于Ⅱ类自燃煤层，即只要存在煤自燃条件，就会导致煤层自然发火。通过煤的升温氧化实验，并对实验数据的分析，找出适合赵各庄矿进行自然发火预测预报的标志气体为 CO、C_2H_4、C_2H_6 和 C_2H_4/C_2H_6。并通过对标志气体随温度变化规律的研究，将煤的自燃过程分为了三个氧化阶段，即缓慢氧化阶段、加速氧化阶段和激烈氧化阶段。三个阶段的温度范围分别为：小于 180℃、180 ~ 300℃ 和大于 300℃。预测预报的关键时期是缓慢氧化阶段和加速氧化阶段，具体预测方法如下：

在缓慢氧化阶段，主要预测指标为 CO，在实验结果的基础上建立了 CO 浓度与温度关系模型作为预测模型，数学模型为：

$$y = \frac{A_1 - A_2}{1 + e^{\left(\frac{x - x_0}{d_x}\right)}} + A_2$$

式中 y——温度；

x——CO 浓度；

$A_1 = -218.79891$，$A_2 = 184.99497$；

$x_0 = -11.84039$， $d_x = 27.09434$。

在加速氧化阶段，标志气体为 CO、C_2H_4、C_2H_6、C_2H_4/C_2H_6，用这几种指标同时进行预测，预报结果难免出现不同或相反，因此用灰色关联分析法对它们的可信度进行了评价，并得出在加速氧化阶段烃类气体指标（C_2H_4、C_2H_6、C_2H_4/C_2H_6）要比 CO 的可信度高。煤在

氧化过程中释放的 C_2H_4 和 C_2H_6 的量很少，容易受到外界因素的干扰，而 C_2H_4/C_2H_6 克服了通风条件的影响，作为预测指标要优于 C_2H_4 和 C_2H_6，所以选用 C_2H_4/C_2H_6 比值与温度关系模型作为预测模型，同时做出了在此阶段 CO 浓度与温度关系模型，加以印证。二者数学模型为：

（1）C_2H_4/C_2H_6 与温度关系模型为：

$$y = a + bx$$

式中 y——温度；

x——C_2H_4/C_2H_6 比值；

$a = 176.67141$，$b = 40.93261$。

（2）$$y = \frac{A_1 - A_2}{1 + e^{\left(\frac{x - x_0}{d_x}\right)}} + A_2$$

式中 y——温度；

x——CO 浓度；

$A_1 = -3173.61574$，$A_2 = 394.05644$；

$x_0 = -10054.25249$，$d_x = 3633.35898$。

由以上分析可知，赵各庄矿预测预报系统所采用的标志气体主要是 CO、C_2H_4、C_2H_6、C_2H_4/C_2H_6，预测预报的关键时期是缓慢氧化阶段（$t < 180℃$）和加速氧化阶段（$180℃ \leqslant t \leqslant 300℃$），采用的预测模型为 CO 浓度与温度关系模型和 C_2H_4/C_2H_6 与温度关系模型。具体运行如下：

（1）如果没有 CO，一般认为煤没有发生自燃氧化。因为该矿正常生产情况下矿井中没有 CO 的存在，所以这种标定是可行的；但是，如果在检测过程中，在没有检测到 CO 的情况下，只检测到了 C_2H_6，系统会报警，因为 CO 的出现要早于 C_2H_6，而出现了这种情况，就很有可能是分析仪器出现了故障或所采气样不准确，而不能简单认为煤还没有自燃氧化，应该加强观测，并采取一定的治理措施；如果在检测过程中，在没有检测到 CO 的情况下，检测到了 C_2H_4，系统会报警提示：煤氧化进入了加速氧化阶段。因为由关联分析可知，C_2H_4 的可信度高于 CO，并且由实验结果分析可知，只要检测到微量的 C_2H_4 存在，我们就可以认为煤的自燃已进入了加速氧化阶段。

（2）若检测到 CO，看是否有 C_2H_4 的存在，如果没有 C_2H_4，通过 CO（50～180℃）预测模型计算煤温 t，当 $t \leqslant 180℃$ 时，则可知煤

已开始自燃氧化，处于缓慢氧化阶段；如果 $t > 180$℃，返回用模型 CO（180～300℃）计算煤温，并说明自燃已进入加速氧化阶段，同时继续保持观测。

（3）同时检测到 CO 和 C_2H_4，进一步分析气样检测 C_2H_6 的浓度，正常情况下 C_2H_6 出现的温度要低于 C_2H_4，若没有 C_2H_6，则用模型 CO（180～300℃）计算煤温；若出现 C_2H_6，用模型 C_2H_4/C_2H_6 计算煤温，无论哪种模型计算的煤温若小于 180℃，因 C_2H_4 的出现，由关联分析可知，C_2H_4 的可信度高于 CO，则视为煤自燃进入加速氧化阶段。

（4）无论何种情况，只要煤温 $t > 300$℃，则认为煤自燃进入激烈氧化阶段，如不采取措施，很快就会燃烧。

此系统采用可视化编程语言 Visual BASIC，操作系统要求 Windows 98 以上。系统结构如图 5-4 所示。

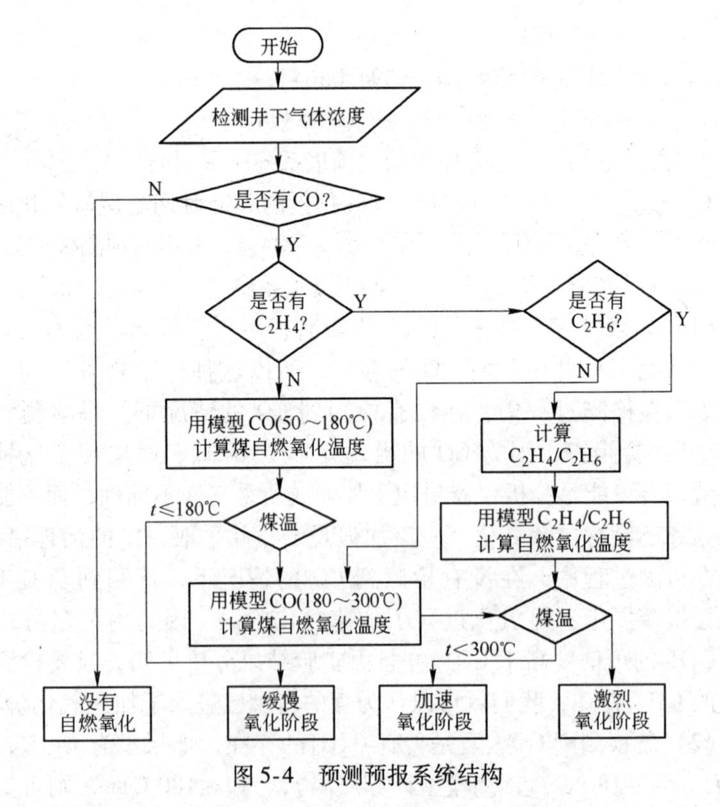

图 5-4 预测预报系统结构

6 煤自然发火预测预报模糊系统的研发

基于模糊控制的煤层自然发火预测预报系统由分布在井下的束管装置、井上的束管控制装置、色谱仪、色谱数据工作站、计算机、报警装置等组成。

系统采用通过检测井下气体成分的变化来判断有无自然发火征兆的气体分析法，在对煤层自然发火规律研究的基础上，以氧气、一氧化碳、二氧化碳、烃类等气体作为指标气体。系统通过束管系统对井下气体连续检测，通过模糊控制来预测预报各检测点煤层自然发火的程度及发展速度。

安装在井下的阻燃聚乙烯管采集各检测点的各种指标气体，各聚乙烯管集束后延伸到井上，进入束管控制装置，按照时序、地址编码将来自各检测点的气样输入到色谱分析仪，进行各指标气体参数的检测，经过色谱数据工作站处理后，将指标气体的参数输入到计算机，进行模糊处理得到各检测点相应的、不同级别的煤层自然发火预测预报输出信号，再经过报警输出装置输出，使技术、管理人员采取相应的防火、灭火措施，避免火灾事故的发生或防止事故的扩大，减少损失。

系统通过测量指标气体浓度间接反映了煤层自然发火的温度，采用模糊控制系统，适合系统复杂的多参量、长时滞、非线性的特点。结合安装在重点部位的温度检测仪表直接测量煤层温度，提高了预测预报的准确性。

6.1 煤层自然发火模糊预测预报系统总体方案

对目前国内外煤层自然发火预测预报系统的缺陷和不足，进行了大量深入细致的研究，根据煤层自然发火模糊预测预报系统的具体要求，提出基于模糊控制的煤层自然发火预测预报系统的总体方案。

6.1.1 煤层自然发火模糊预测预报系统硬件方案

指标气体采样、传输环节采用当今比较成熟的、被众多煤矿广泛应用的“地面束管系统”，已配置了气路控制、电气控制装置，降低了成本，便于实施。

指标气体的检测环节，考虑到煤矿井下安全的特殊要求及相应的指标气体检测仪器仪表的研究、设计、制造水平和成本，采用气体多点参数色谱自动分析仪。

模糊控制的运算主机采用高可靠性的工业控制计算机，以适应煤矿的恶劣环境。井上计算机除具有煤层自然发火预测预报系统模糊控制运算功能外，还可完成生产、管理等工作，使该系统具有更强大的综合性能。

为了提高煤层自然发火预测预报系统的准确性，采用对煤层自然发火重点位置的温度进行检测，作为指标气体预测预报的辅助和补充，所用的温度检测仪器、仪表必须符合煤矿安全规程所规定的防爆安全要求。

系统设备还有数据传输、外围逻辑判断电路、声光报警电路等。

系统硬件原理框图见图 6-1。

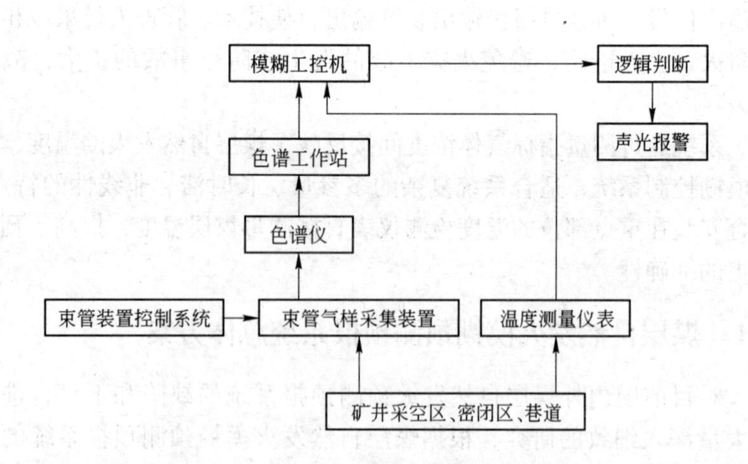

图 6-1 系统硬件原理图

6.1.2 煤层自然发火模糊预测预报系统软件方案

由于煤层自然发火过程具有多参量、非线性、参量间强耦合及系统长时滞等特点，特别是各种参数还受地质条件、通风、热辐射、传导条件等影响，具有时变性和不确定性，难以建立精确、稳定的描述煤层自然发火的数学模型。所以到目前为止，煤层自然发火预测预报系统的实际效果一直不理想。主要原因是在传统的控制方式下，必须建立相应的数学模型，而且该模型还应该是线性的，才能实现准确、可靠的控制。为了得到相对准确、稳定、线性的数学模型，不得不对煤层自然发火的一些参量进行简化，对非线性、强耦合关系进行近似线性处理，对于系统长时滞则通过更高的输入输出指标和强微分运算应对。这些控制系统孤立地、过分地强调温度值参量（无论直接或间接检测到的）的作用，忽略了温度变化率对煤层自然发火过程的影响，以及通风等因素对煤层自然发火过程的影响，没有前向推理机制，不能真正做到煤层自然发火过程的预测预报，所以这样控制的结果自然不会理想，甚至得到的结论与煤层自然发火的发展程度相差甚远。现场人员根据经验，可以有效地预测预报煤层自然发火，但效果与人的经验丰富与否、主观意志甚至心情有关，预测预报效果不稳定。

研究一种新型的、基于气体分析法的煤层自然发火预测预报模糊系统的算法，采用模糊控制技术，仿照人脑的模糊推理、前向推理的机制，不需要得到准确、线性的描述煤层自然发火的数学模型，只需整合不同的现场人员预测预报煤层自然发火的经验，得到高于个体预测预报经验的、稳定的人工预测预报煤层自然发火的总体规律，构成模糊控制规则库，在计算机中以控制表的形式储存。控制过程为将检测到的煤层自然发火有关的参数通过查控制表，确定相应的煤层自然发火程度，发出煤层自然发火的预测预报。这种模糊算法不需要得到确定的、精确的描述煤层自然发火的数学模型，检测煤层自然发火的有关指标气体，从而间接检测温度，并且把反映煤层自然发火发展的指标气体变化率（代表了煤层自然发火温度变化率）作为另一个输入。控制规则表反映了地质条件、通风、热辐射、传导各种因素对煤层自然发火的影响作用，所以这种模糊控制方式可以有效地预测预报煤层自然发火。

为提高检测的可靠性，在重点部位同时设置安装快速、方便的非接触式的温度传感器。地面上的计算机对现场传输来的各个检测区域的检测点的气体和温度信号进行综合处理，采用温度优先判据，即一旦某点温度检测值达到设定标准，不论指标气体数据如何立即做出预报，从而实现自然发火预测预报。

6.2 煤层自然发火预测预报模糊系统的检测环节

煤层自然发火预测预报系统的检测部分是整个系统的基础，决定了数据采集准确性，所以对该部分要求高，该部分的投资甚至占整个系统的三分之一以上。因此，该部分的设计、选型是非常关键的。检测部分包括指标气体检测和温度检测两大部分。

6.2.1 煤层自然发火预测预报系统检测环节的结构

检测部分为束管系统，即在各个需要进行检测指标气体的地点安装聚乙烯管。束管的每个抽气端按照指标气体的检测要求分布于要检测的各个位置，束管的集气端汇集于建在井上的束管控制站，束管控制站对来自各检测点的气样进行地址编码，然后输入到光谱分析仪进行气样相关参数的检测，检测结果以电量形式输送给计算机，进行模糊控制。束管控制站由抽气（采样）气泵、充气（清洗）气泵、采样电磁阀、清洗电磁阀、电气控制柜组成。工作流程为：（1）关闭所有采样电磁阀，打开清洗电磁阀，新鲜空气进入气体检测柜，对气路和气体检测柜进行清洗，保证气体分析不受影响；（2）电气控制柜按照时序输出经地址编码的信号，控制相应的某气路采样电磁阀打开，被采样的气体进入光谱分析仪，检测各种指标气体的参数；（3）关闭所有的采样电磁阀，打开清洗电磁阀，新鲜空气进入气体检测柜，对气路和气体检测柜进行清洗，本路采样结束，为下一路采样进行准备；（4）电气控制柜按照时序输出经地址编码的信号，控制相应的下一气路采样电磁阀打开，被采样的气体进入光谱分析仪，检测各种指标气体的参数；（5）依此类推，重复进行各气路（检测点）的气体检测[33]。束管系统原理图见图6-2。

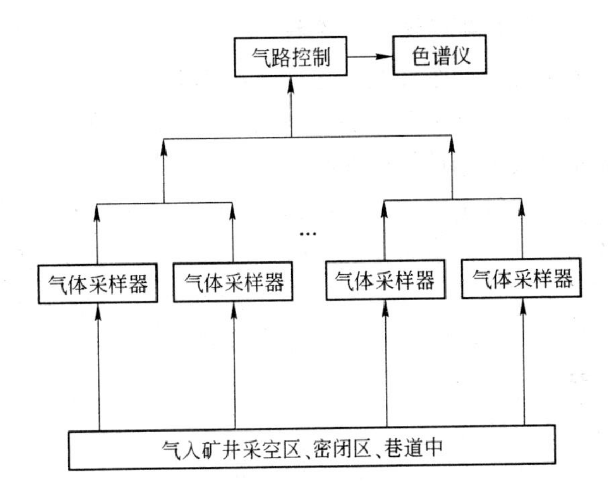

图6-2 束管系统原理图

气体传感器检测的各指标气体参数输入到井上计算机进行数据处理运算，得到预测预报的结果。因为束管检测电气控制柜和计算机安装在井上，所以不需要具有防爆功能。

6.2.2 煤层自然发火预测预报系统的气体检测

气体检测部分是煤层自然发火预测预报系统的关键，是基本数据的来源，气体检测装置的选择是系统的重中之重。

6.2.2.1 检测气体的选择

人们在对大量的煤矿煤层进行深入的自然发火标志性气体研究、优化后，得到的指标气体基本上为一氧化碳、乙烯、乙烷等气体，只不过这些气体与具体煤矿煤层自燃程度的相关性不同，即不同的煤层自燃程度对应不同的指标气体参数。要预测预报煤层自燃，就要针对不同煤层的指标气体参数进行综合分析处理。当不同煤层自然发火指标气体不同时，应根据具体情况调整，因为色谱分析仪具有很强大的检测分析能力，所以不需要改动检测硬件，只需调整软件程序即可，因此系统有非常强的适应性。

所以，气体检测部分一般情况下应该对应地检测一氧化碳、乙烯、乙烷气体的参数，其参数为指标气体的浓度。

6.2.2.2 气体检测仪器的选择

束管检测系统是一个在线、连续、循环检测系统，所检测的气体浓度低，检测的气体种类多；要求检测精度高，检测速度快，自动化程度高；检测参数采用计算机在线实时输出。

检测仪器发展的主要动力就来源于实际的需要，灵敏度高、分辨力强、速度快，性能价格比好的分析检测仪器，是指标气体分析、检测的基础，相关仪器研制、开发是束管检测系统的关键，是整个系统必须首先解决的重要课题。一般的气体检测传感器和普通的色谱仪都难以满足束管检测系统的具体要求。所以，面对日益发展的市场需求不少厂家都有针对性地开发了束管专用色谱仪，结束了束管专用色谱仪必须依赖进口的历史，如北京中西分析仪器有限公司研制的 GC - 4085 型煤矿井专用气体多点参数色谱自动分析仪就是适应这种要求而研制和开发的。

色谱仪工作原理是基于色谱法，色谱法也叫层析法，它是一种利用物理分离技术，并配合适当的检测手段的化学分析方法。

色谱法来源于植物色素分离方法，这种方法是：先将植物叶的提取液溶于酒精得到植物色素的酒精溶液，在一根直立的玻璃管中放入碳酸钙粉末，把植物色素的酒精溶液倒入管中，随着植物色素的酒精溶液向下流动，玻璃管的上部会出现几种不同颜色的色层，继续加入酒精冲洗，随着酒精的不断向下流动，色层不断地向下移动，并逐渐分开成几个不同颜色的谱带，继续冲洗就可分别得到各种不同颜色的植物色素，从而可分别对不同的植物色素进行鉴定，所以这种方法叫色谱法，也叫柱层析法，它是利用碳酸钙粉末（吸附剂）和植物色素中不同组分之间的不同吸附能力来实现分离的。

现在的色谱法早已不局限于植物色素的分离，并且这种方法也得到了极大的发展，但是利用吸附剂和物质的不同组分之间的不同吸附能力来实现分离的原理仍然是相同的，所以我们仍然延续色谱分析的叫法。

由以上方法可知，色谱分离基本原理是在色谱仪中存在两相，一相是固定不动的，叫做固定相；另一相不断流过固定相，叫做流动相。色谱法就是利用要分离的各种不同物质在两相中不同的分配系数、吸附能力、亲和能力等来进行分离。

使用中要用外力使含有样品的流动相（气体或液体）通过一个固定在柱中或平板上，并与流动相互不相溶的固定相表面，当流动相中携带的样品混合物流过固定相时，混合物中的各组分与固定相发生相互作用。样品混合物中各组分在性质和结构上的差异，导致与固定相之间产生的作用力的大小、强弱都各不相同，随着流动相的移动，样品混合物在两相之间经过反复多次的分配平衡，这就使得各组分被固定相保留的时间不同，从而按一定的次序从固定相中先后流出。再与适当的柱后检测方法结合，就实现了样品混合物中各不同组分的分离与检测。

气相色谱仪通常由以下五个部分组成：

（1）气源和流动相（载气）的控制和测量装置。其中：

1）气源：一般采用高压的氢、氮、氩等高纯气，经减压阀后，使高压气体变成0.1～0.5MPa的低压气体供使用。这些气体就是气相色谱仪的流动相，又叫载气。流动相的作用是作为载体把样品输送到色谱柱和检测器。

2）流量、流速调节环节：常用稳压阀、针形阀和流速计相配合，调节流动相（载气）的流量和流速，使样品混合物中各不同组分实现分离和检测。

（2）色谱柱和恒温装置。其中：

1）色谱柱：作用是把样品分离成各种单一的组分。一般采用不锈钢管或铜管，管子形状一般为U形或螺旋形，管子内径一般为2～8mm，内径比2mm还小的叫毛细管色谱柱，管长度一般为1～4m或者更长，管内填充固定相（吸附剂）。GC-4085型煤矿井专用气体多点参数色谱自动分析仪采用三根色谱柱。

2）恒温装置：作用是保持色谱柱和检测器内的温度恒定。GC-4085型煤矿井专用气体多点参数色谱自动分析仪采用空气恒温方式的双柱箱（高、低温）分别控温。

（3）进样器。进样器是把样品加入色谱柱的装置，GC-4085型煤矿井专用气体多点参数色谱自动分析仪的样品已经是气体，不需要把液体或固体的样品在瞬间加热气化为蒸气的气化室。GC-4085 型煤矿井专用气体多点参数色谱自动分析仪进样工具可以选择自动的定量阀或手动的球胆采样器。

（4）检测器。检测器又叫鉴定器，检测色谱柱流出的已分离的各组分，并通过电量检测传感器转化为电压或电流信号输出。GC-4085 型煤矿井专用气体多点参数色谱自动分析仪的检测器有热导池式、氢火焰离子化式两种。

（5）自动记录仪、积分仪、数据工作站。自动记录仪的作用是将检测器输出的电信号记录下来，作为下一步积分仪、数据工作站定性、定量分析的依据。积分仪和数据工作站都用来接收色谱仪检测器输出的电压信号，通过 A/D（模/数）转换，再经过数据处理软件的处理，绘制出各组分的色谱谱图，进行谱峰识别，最后进行各组分谱峰的处理而得到最终分析结果。目前，绝大多数色谱仪都采用更先进的、可适用于多种型号色谱仪的数据工作站。

GC-4085 型矿井气体多点参数色谱自动分析仪的主要技术参数为：

（1）被检测气体的最小检测浓度：CO、C_2H_2、$C_2H_6 \leqslant 0.5 \times 10^{-4}\%$，$CH_4$、$C_2H_4 \leqslant 0.1 \times 10^{-4}\%$，$CO_2 \leqslant 2 \times 10^{-4}\%$，$O_2$、$N_2 \leqslant 0.1\%$，$H_2 \leqslant 5 \times 10^{-4}\%$；

（2）热导检测器的灵敏度≥5000mV · mL/mg，氢焰检测器检出限$\leqslant 1.0 \times 10^{-11}$g/s；

（3）系统的整体精度：≤1%。

该仪器的主要特点是：

（1）全自动化操作：仪器由微机自动控制，可以实现 12 ~ 32 路连续循环采样分析，可实现无人值守和人工设定双重监测，可自动打印分析报告，也可以通过网络传输数据；

（2）高稳定性：采用双柱箱（高、低温）分别控温、三柱并联和甲烷转化装置；

（3）高可靠和长寿命：安装有三根预切柱装置，可以有效防止三根分析柱被污染，确保整套仪器长期不间断工作；

（4）三根色谱柱与自动切换系统配合，可实现一次进样就能对全部组分进行分析；

（5）具有自动进样/手动进样（球胆取样）切换功能；

（6）分析速度快：4～8min内，一次进样即可完成矿井瓦斯爆炸气体常量H_2、O_2、N_2、CH_4、CO、CO_2、C_2H_4、C_2H_6等组分和火灾气体微量CO、CO_2、CH_4、C_2H_4、C_2H_6、C_2H_2、C_3H_8、C_4H_{10}等组分的分析。

色谱数据处理原理见图6-3。

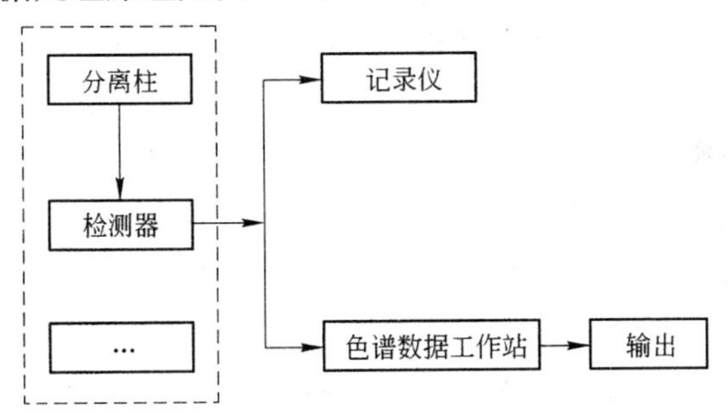

图6-3 色谱数据处理原理图

目前色谱仪的数据后处理主要是通过积分仪或数据处理机和色谱数据工作站来完成，它们的主要功能都是用来接收色谱仪检测器输出的电压信号，再通过A/D（模/数）转换，经过数据处理软件的处理，绘制出各组分的色谱谱图，进行谱峰识别，最后进行各组分谱峰的处理而得到最终分析结果。传统的色谱数据处理工具是积分仪或数据处理机，近年来随着计算机技术的不断发展和计算机的广泛应用，特别是计算机色谱数据处理软件技术的日益成熟，色谱数据工作站以其强大的功能已经被广大用户所接受，成为色谱分析操作人员强有力的分析工具。

浙江大学主研的N3000色谱工作站，其数据处理软件是针对Microsoft（微软）操作系统Windows XP设计开发的，是目前国内新型的色谱数据处理软件。与其他针对Windows95/98/2000开发的色谱数据处理软件系统不同，N3000数据处理应用软件系统实现了真正的32位色谱数据处理，具有性能稳定、计算准确、操作方便、应用个性化等特点，适用于气相色谱、液相色谱、毛细管电泳、薄层色谱、超临界流体色谱等各种色谱检测设备的数据处理和控制。

N3000色谱数据工作站的硬件采用了先进的设计技术和高性能的元器件，开发出了精度高、噪声低、采样频率高、温度漂移低，可以充分满足各种分析要求的色谱数据采集器，使得到的色谱切片数据与真实的谱图非常接近，而且图谱的分辨率非常高，这就为以后的数据处理打下良好的基础。工作站采用单通道或双通道的工作方式。其主要性能特点为：采用了24位高精度的A/D（模/数）转换芯片（内有PGA程控放大，高低通滤波，并具有零点、满刻度、背景噪声、失调等多种自动校正功能）。采用16位的高性能单片机进行控制，使采样板的体积大大缩小。提供RS－232标准通讯接口，可实现远距离遥控启动。采用光电隔离接口，避免数字、模拟电路之间的共模影响。采样频率有10次/s、20次/s可供选择。采样电平输入范围宽达：－2.5～+2.5V。

N3000色谱数据处理软件是用微软VC语言编制的，具有界面简洁友好、操作方便、系统稳定、计算结果准确等诸多特点；并且具备目前国内色谱数据处理软件的绝大部分功能。其主要性能特点为：标准的Windows界面风格，可多线程、多任务并行处理，稳定性大大提高；集中同时显示谱图窗口、谱图文件管理窗口、数据结果窗口，避免界面的来回切换，使工作更加方便；与WindowsXP资源管理器类似的谱图文件管理系统，把标样文件、样品文件、项目参数文件、组分表文件、校正曲线等文件有机地组合成一个项目，使操作思路更清晰，大大缩短学习、适应的过程。

在数据处理方面，有面积、峰高与归一、校正归一、内标、外标、指数等多种定性、定量的方法供选择。还提供多种手动基线处理方式。实现了人工经验校正与计算机自动校正相互补充。

在谱图处理方面有加、减、平均、导数、平滑、截取等多种方式，可满足个性化处理谱图的要求。可打印精美的分析报告表；数据可直接与文本编辑软件（如Word、Excel）进行无缝链接，谱图可直接与图形处理软件（如Photoshop）链接，也可将所得谱图或数据直接导入文本编辑器中，提高了谱图和数据的管理、编辑功能。

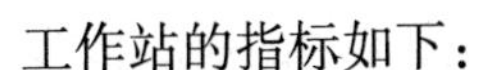

工作站的指标如下：

（1）输入指标为：

差分输入：可避免外界电源、电磁波干扰；

输入通道数：2条；

输入电平范围：-2.5～+2.5V；

通讯方式：RS-232。

（2）峰的检测与可处理的峰数量、能测量峰面积或平均峰高指标为：

可处理的峰数目：无上限（但当处理的峰数目大于一定数量时处理速度会减慢，视所用电脑配置而定）；

最小峰宽：0.2s；

保留时间：无上限；

峰面积：10位数（可达9999999999μV·s）；

峰高：7位数（可达9999999μV）；

峰处理模式：全自动或手动；

对伸舌、拖尾峰的识别：可自动识别，也可通过时间程序识别。

（3）定量计算内容及方法有峰面积、峰高、面积归一法、校正归一法、内标法、外标法、指数法。

（4）计算内容有绝对保留值、相对保留值、出峰顺序、最接近峰、时间带、时间窗。

（5）校准运行指标为：多点多次，可对多个相同浓度和不同浓度的标准试样进行校准。

（6）动态范围：0～10^7；积分灵敏度：1μV/s；线性度：小于±0.1%；采样频率：10次/s，也可选20次/s。

（7）环境要求指标为：

电源：AC220V，0.8A，50Hz；

温度：0～60℃；

湿度：50%～80%。

该矿用色谱仪配备了相应的色谱工作站（计算机），具有对指标气体参数的分析、计算能力，但还不具备煤层自然发火预测预报控制功能。并且为保护知识产权，其色谱工作站的软件系统一般不能通过简单的方法对其软件进行修改，不能再加入模糊控制的煤层自然发火预测预报控制软件。

经过仔细分析相关资料，对设备进行调查研究，发现可利用色谱工作站的软件能通过网络传输数据的功能，用 Access 或 Excel 的形式将 CO、CO_2、CH_4、C_2H_4、C_2H_6、C_2H_2、C_3H_8、C_4H_{10} 等组分气体的分析结果传输给另一台计算机，在这台计算机上，设计、安装煤层自然发火的模糊预测预报软件，对各检测点的煤层自然发火进行预测预报。这样不必对原色谱工作站的软件系统进行修改，避免产生对原系统的破坏，还减少了已运行系统的停机时间，甚至可以不停机进行改造。

6.2.2.3 气体检测位置的选择

在煤层自然发火预测预报系统中，指标气体检测点的布置非常重要，直接影响到煤层自然发火预测预报的准确与否，甚至决定煤层自然发火预测预报系统的成败[43,44]。经过长期、大量的实践证明，指标气体检测点的布置应遵守以下原则：

（1）检测点应布置在预计易发生煤层自然发火的区域。按照煤矿矿井生产环境和煤层自然发火条件，把各个危险区域作为检测的对象，一般根据实际经验和煤炭发生自燃的时间及空间分布特性来布置。

（2）检测点应布置在高负压区。从全负压角度考虑，只要漏风风流经过易燃点，各泄漏通道以负压最高处最易反映易发火区域的真实情况。

（3）检测点的位置应该是最佳排除炮烟影响的环境。井下放炮会产生大量的 CO，炮烟经过检测点时就会使检测到的 CO 参数失真，给煤层自然发火的预测预报带来影响，所以要排除炮烟干扰。

（4）检测点应有恒定的漏风量。因为进行相对量监测时，如果漏风量不稳定，检测仪上所反映的数值将不能表达发火过程中的真实情况；即使是对绝对量进行检测，由于测算微小风量较困难，也会给系统造成很大的误差。所以，在检测过程中如没有特殊需求，尽量不要改变通风系统的参数，如必须改变，则改变后要及时调整检测点，并对各参数量重新对比整理。

(5) 检测点还应避开温差自然风压的影响。

6.2.3 煤层自然发火预测预报系统的温度检测

煤矿井下温度的测量，如采用在各个煤层自然发火重点位置埋设温度传感器，当然是最直接的方法，但这样做的问题一是需要很多的温度传感器；二是重点位置不好确定；三是重点位置往往位于采空区、煤柱，给安装带来很大困难。但考虑到系统中温度只作为辅助测量、控制量，要求检测精度不高，所以只在煤矿通风巷道、工作面处安装温度传感器，避免了上述的困难。所选的温度传感器首先要满足《煤矿安全规程》的规定，必须是Ⅰ类矿用防爆电气设备，防爆标志为 EX×Ⅰ的要求；另外系统中温度数据采用电量形式传输，必须符合《煤矿安全规程》的规定，煤矿安全监控设备之间必须使用专用阻燃电缆或光缆连接，严禁与调度电话电缆或动力电缆等共用。防爆型煤矿安全监控设备之间的输入、输出信号必须为本质安全型信号。

为满足《煤矿安全规程》的规定要求，系统选用了中西集团东西仪（北京）科技有限公司生产的 CS10-KGW5 型矿井用数字式温度传感器。CS10-KGW5 型矿井用数字式温度传感器是矿用本质安全型产品，有煤安（MA）认证，用于测量煤矿井下的环境温度。该传感器由温度探头、单片机、显示电路、输出电路等几部分组成，实时 3 位数字显示并输出标准模拟信号。该传感器具有使用简便、稳定可靠等特点。这种类型的煤矿用温度传感器是采用数字温度敏感元件开发的固定式仪表，主要用于连续测量煤矿通风巷道、工作面及火区密闭温度，是矿井通风安全参数测量的重要仪表。外壳采用优质不锈钢盒体，坚固耐用，大屏幕显示，结构简单，使用、调校方便，可以就地用数码管显示温度数值，能与国内各种监控系统配套使用。因传感器设计为矿用本质安全型监测设备，并经国家指定的防爆检验机构审查检验合格，取得了煤矿井下安全标志准用证明，所以允许在有瓦斯、煤尘的煤矿井下危险环境中使用。其主要技术指标如下：

(1) 防爆形式：矿用本质安全型。

（2）测量范围：0～50℃、0～100℃、－20～＋60℃ 、－55～＋125℃，基本误差：≤±2.5%（F. S）℃。

（3）输出信号：

1）频率：200～1000Hz，0～200Hz，5～15Hz；

2）电流：1～5mA，4～20mA。

（4）工作电压：本质安全8～24V DC；工作电流：小于40mA。

（5）传感器至监控分站距离：2km。

（6）显示：四位LED就地显示。

（7）报警点：可测量范围内任意设置。

（8）报警方式：红色LED灯闪烁、蜂鸣器鸣叫，报警声压级≥80dB。

温度传感器安装在煤层自然发火的重点部位，检测环境温度，作为煤层自然发火指标气体模糊预测预报的补充手段。

如果温度检测点与井上计算机距离超过2km，则需建立通讯接续站，由于接续站位于井下，所以也必须满足《煤矿安全规程》的规定，必须是Ⅰ类矿用防爆电气设备，防爆标志为EX×Ⅰ的要求；另外系统中温度数据采用电量形式传输，必须符合《煤矿安全规程》的规定，煤矿安全监控设备之间必须使用专用阻燃电缆或光缆连接，严禁与调度电话电缆或动力电缆等共用。防爆型煤矿安全监控设备之间的输入、输出信号必须为本质安全型信号。

6.3 煤层自然发火预测预报模糊系统的数据通讯环节

因为色谱仪数据工作站已经承担了分析处理色谱仪检测数据的较为繁重的工作，再执行煤层自然发火预测预报模糊控制程序可能会降低工作站的运行速度，同时也为了保证色谱仪数据工作站的运行和数据安全，所以煤层自然发火预测预报模糊控制程序在另一台工业计算机上运行，这样还可以减少调试程序的时间，甚至可以不停止色谱仪数据工作站的运行，而由于计算机价格的快速降低，这样做的成本并不太高，并且这台工控机还可以进行其他管理或历史数据存储的工作。为了使色谱仪数据工作站的分析数据能实时传送到模糊控制用的工业控制计算机，供煤层自然发火预测预报模糊控制程序处理，建立了基于WindowsNT的色谱分析数据采集与传输网络系统。该网络通过对色谱仪工作站的数据打包、传输、接收，可以实现模糊控制计算机对色谱仪数据工作站分析得到的指标气体数据的实时共享，对色谱仪数据工作站传来的数据进行煤层自然发火预测预报模糊运算，对煤层自然发火进行预测预报。该网络还可以进一步扩展功能，提供远程支持和接入Internet的功能，可通过网络实现这些数据的远程传输，实现数据的共享与管理，从而实现远程的数据管理、远程的系统维护。

数据通讯子系统的原理见图6-4。

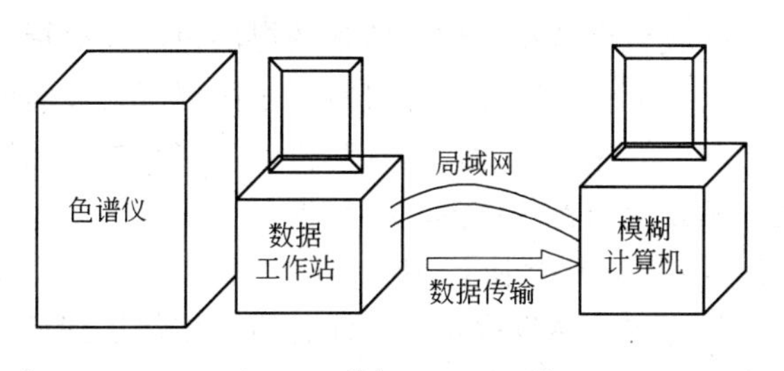

图6-4 数据通讯子系统

使色谱仪数据工作站的分析数据能实时传送到模糊控制用的工业控制计算机的方法有多种，各种方法都必须遵从相应的通讯协议。为了实现各种信息在不同生产厂家的设备、不同的网络和不同的操作系统之间的交换，1984年国际标准化组织ISO（International Organization for Standardization）制定了开放互联国际标准OSI（Open System Interconnection）。之所以叫做开放互联，就是说只要遵从OSI标准，一台设备就可以和任何遵从同一标准的任何设备进行通信。OSI标准使各种设备之间信息的交换实现了标准化。在OSI标准下出现了许多通讯协议，如TCP/IP协议，它表示不同计算机之间在Internet网上的一组通讯协议，包括TCP（Transport Control Protocol，传输控制协议）、IP（Internet Protocol）、UDP（User Datagram Protocol，用户数据包协议）、FTP（File Transfer Protocol，文件传输协议）、HTP（Hypertext Transfer Protocol，超文本传输协议）、SMTP（Simple Message Transfer Protocol，简单邮件传输协议）等协议。TCP/IP协议按照自下而上的顺序可分为物理层、网络层、传输层、应用层四层结构，分别与开放系统互联 OSI 标准中的物理层、网络层、传输层、应用层相对应。

遵从 TCP/IP 协议把数据从色谱数据工作站发往模糊计算用的工业控制计算机的发送和接收顺序是：色谱数据工作站发送煤层自然发火指标气体的检测、分析数据时，按照从上到下的传送顺序传送，首先把应用层的协议头加在待发送的数据上，接下来数据经过每一层时，所使用的协议层都把自己的协议头加在数据上，直到物理层的数据接口把煤层自然发火指标气体数据发送到网络上；模糊计算用的工业控制计算机接收色谱数据工作站传来的煤层自然发火指标气体数据按照相反的从下往上传递顺序，经过每一个协议层去掉前面所加相应的协议头，模糊计算用的工业控制计算机最后接收到的数据是没有协议头的煤层自然发火指标气体的真实数据。

下面介绍采用 TCP/IP 协议中的 FTP（文件传输协议），将色谱仪数据工作站的煤层自然发火指标气体分析数据传送到模糊控制计算机的工作过程。

GC-4085 型矿井气体多点参数色谱自动分析仪对煤层自然发火指标气体按照时间顺序轮流进行检测后，把相应的原始数值传送给配套的色谱数据工作站，色谱数据工作站对色谱仪检测的原始数值进行分析处理后，得到煤层自然发火指标气体的分析数据，然后通过网络遵从 FTP 协议传送给模糊控制计算机。

6.3.1 煤层自然发火预测预报模糊系统数据通讯环节的局域网络构成

为了将 GC-4085 型矿井气体多点参数色谱自动分析仪的数据工作站所检测的数据传送到模糊工业控制计算机，必须在色谱仪的数据工作站和模糊计算机之间建立一个局域网络，色谱仪数据工作站和模糊控制计算机的 PCI 槽内都插上 10/100M 自适应网卡，在两个网卡上连接双绞线形式的网线，完成局域网的连接设置。这种网线做法是一端不变，将另一端的 1、3 线分别与 2、6 线对换即可，因为只有两台计算机，且不需要连接到互联网，所以不需要路由器或交换机，所构成的是最简单的局域网络。

6.3.2 煤层自然发火预测预报模糊系统数据通讯环节的网络设置

在色谱仪的数据工作站和模糊计算机之间建立一个局域网络后，还必须对色谱仪的数据工作站和模糊计算机分别进行设置，才能使局域网运行。在两台计算机的“开始”→“运行”菜单中，用 ping 命令来各自手动设置 IP，实现两台电脑构成的局域网的连通。

6.3.3 煤层自然发火预测预报模糊系统数据通讯环节的 FTP 通讯设置

为了能将 GC-4085 型矿井气体多点参数色谱自动分析仪的数据工作站所检测的数据按照 FTP 协议传送到模糊工业控制计算机，在局域网构建和设置完成后，还必须要用 FTP Serv-U 软件或其他有关 FTP 设置软件来建立遵从 FTP 的数据通讯。首先用 FTP Serv-U 软件把色谱工作站设为 FTP 服务器，把模糊控制计算机设为客户端，并在两台计算机上用 FTP Serv-U 软件分别进行设置，即可在色谱自动分析仪的数据工作站与模糊工业控制计算机之间建立 FTP 通讯。

6.3.4 煤层自然发火预测预报模糊系统数据通讯环节的实时数据传输设置

FTP 通讯只是实现了色谱工作站和模糊控制计算机之间的数据传输，而煤层自然发火预测预报模糊系统必须连续对煤层自然发火指标气体进行模糊处理，所以还需要解决数据的实时传输问题。通过 UTS（统一数据传输系统）软件即可实现 GC-4085 型矿井气体多点参数色谱自动分析仪的数据工作站所检测的数据文档被模糊计算机完全实时共享，这样模糊控制计算机就可以实时采集色谱数据工作站的数据了。

6.3.5 模糊控制计算机实时数据采集

模糊控制计算机定时读取存于自身的、由 GC-4085 型矿井气体多点参数色谱自动分析仪传来的煤层自然发火指标气体数据，连续对煤层自然发火指标气体进行模糊处理、模糊运算，按照模糊控制规则进行煤层自然发火的发展程度的判断，预测预报煤层自然发火。数据从 GC-4085 型矿井气体多点参数色谱自动分析仪传到模糊控制计算机的格式分为 Excel 形式和文本两种格式，所以读取数据过程也分为两种，系统采用文本格式的数据，用 VC 编制比较简单的程序即可将从 GC-4085 型矿井气体多点参数色谱自动分析仪传到模糊控制计算机的文本格式的数据读入模糊控制程序中。

6.4 煤层自然发火预测预报模糊系统的控制环节

煤层自然发火预测预报系统的控制部分是整个系统的核心，其方案的选择、算法的实现关系到整个煤层自然发火预测预报系统的成败。方案选择的出发点是必须从实际出发，以完成对煤层自然发火的预测预报为最终目的，而不能只专注于控制本身精度，那样，虽然可能控制部分精度高，但并不符合煤层自然发火的规律，而使整个煤层自然发火预测预报系统失败。考虑到煤层自然发火具有复杂的多参量、长时滞、非线性、强耦合等的特点，特别是不能得到准确的煤层自然发火的数学模型，也就不能采用传统的控制方法，所以针对煤层自然发火的特点，采用了模糊预测预报系统。

6.4.1 煤层自然发火预测预报模糊系统控制环节的硬件

如只进行煤层自然发火预测预报，可以采用一台中低档的工业控制计算机，以降低成本。使用工控机可大大提高系统的可靠性，适应复杂的工业环境。工控机通过通讯系统，采集色谱数据工作站提供的各种指标气体的数字化参数，通过模糊控制系统，进行分析、处理，实现煤层自然发火的预测预报。模糊控制一般要求工控机 CPU 在 PⅡ以上，操作系统为 Win95 以上，内存大于 128M 即可。

如果还需进行管理或其他用途，则可选用高档工控机，成本将大大提高。所以应根据实际情况，合理选择计算机。

6.4.2 煤层自然发火预测预报模糊系统控制环节的原理和软件

6.4.2.1 模糊控制原理

“模糊”（fuzzy）一词在字典中的解释为“朦胧的；不精确的；

不明白的；不合乎逻辑的”。但是在模糊控制领域内，“模糊”一词应该被看作是一个特定的技术词汇，用来界定一种特殊的系统与控制。正如同“线性”（linear）一词一样。

模糊逻辑不是非此即彼的逻辑推理，也不是传统意义上的多值逻辑，而是在认为事物具有隶属真值中间过渡性的同时，还认为事物具有在形态和类属方面亦此亦彼性，即所谓模糊性。正因如此，模糊计算可以处理不精确的模糊输入信息，可以降低对输入灵敏度和精确度的要求，而输出是精确信息。模糊理论本身是精确的；“模糊”现象只存在于实际事物中。这就是模糊理论要研究的关键，一旦模糊信息如“个子高”通过模糊理论得到确切表达和描述，接下来的一切问题处理输出表达就不是模糊的而是精确的了。这里要强调的是模糊控制并非“模糊的控制”，而是研究现实中各种模糊现象，利用模糊信息进行精确控制的理论。和其他控制理论一样，模糊控制追求的终极目标也是解决各种实际问题，由于模糊控制更加符合现实世界中大多数问题的规律，更接近于人类大脑的思维处理模式，甚至有的模糊控制方式直接模仿了人类处理问题的方法和经验，所以能提供更加有效的方法并得到更好的结果。

实际上几乎所有工程理论都是以近似的方法来研究现实世界的，即抓主要矛盾，忽略次要矛盾，或者忽略了一些次要的条件，或者以线性描述实际上的非线性事物。在传统的控制方法中，控制系统动态的精确性是影响控制效果的最主要因素，系统动态参数的多少和精确程度，将直接关系到控制的精确程度。然而，对于现实中复杂的系统，由于系统的相关输入、输出变量太多，以及系统的非线性、长时滞性、复杂的耦合关系和工艺的不可知性等原因，一般难以对整个系统的动态参数进行准确完善的描述，所以控制系统就采用各种方法来简化系统动态的参数，以按照现有的线性控制方法实现复杂系统的控制目的，其控制结果自然不尽如人意，导致很长一个时期，人们用了很大精力研究线性系统，或将实际系统近似为线性系统来提高系统的性能，但最后的控制结果却往往难如人意就是这个原因。总之，传统的线性控制理论对于明确的简单、线性系统具有准确的控制性能，但对于复杂的、多参数的、非线性的、长时滞的以及难以精确描述的系统，却无法有效的控制。特别是近一时期，控制理论界、工程界已经认识到最终的控制效果要从实际出发，要用工艺指标、产品质量、能源消耗、产品成本、环保水平、安全性能等条件综合评价，而不是只局限于局部的控制系统的单一控制效果。因此控制技术人员便尝试着以模糊数学，按照人的思维，结合各种综合条件来处理这些控制问题。

正因如此，近些年来模糊控制从理论到实际应用都取得了飞速的发展，越来越多的学者对模糊控制进行研究，力争从理论上对实际应用中成功的原因和内部机理进行科学严密的解释，并形成一般性、系统性的研究方法和理论。

美国加州大学伯克利分校的 L. A. Zadeh 博士是世界公认的模糊控制之父，他于 1965 年发表了关于模糊集的论文，首次用隶属函数来表达事物模糊性这一重要概念。把元素对集的隶属程度从原来的 0 或 1 推广到可以取区间 [0，1] 内的任意值，并用隶属度函数精确地、定量地描述论域中元素符合论域概念的程度，实现了从普通集合到模糊集合的质的飞跃，从而可以用隶属函数来表示模糊集，开创了用数学的观点来刻画、描述具体的模糊事物，这标志着模糊数学这门新学科的诞生。人们在模糊集理论上构建、完善了模糊计算的系统方法，并进一步将模糊集理论和模糊运算用到实际的工程控制中去就形成了模糊控制。

自从 Zadeh 之后，无论模糊控制的理论还是实践都有长足的发展，20 世纪 70 年代以后，便陆续有一些实用的模糊控制器相继完成，使得我们在控制领域中又有了很大的进步。下面对模糊控制的基本原理做一简单介绍。

A 模糊控制器的基本结构和组成

模糊控制器的基本结构见图 6-5。

模糊控制器主要由四个环节构成，即模糊化、知识库（控制规则）、逻辑判断（判断）及解模糊化（清晰化）。下面对各个环节做简单的介绍。

a 模糊化（fuzzily）环节

该环节的作用是把精确值形式的输入量转化为模糊形式的输入

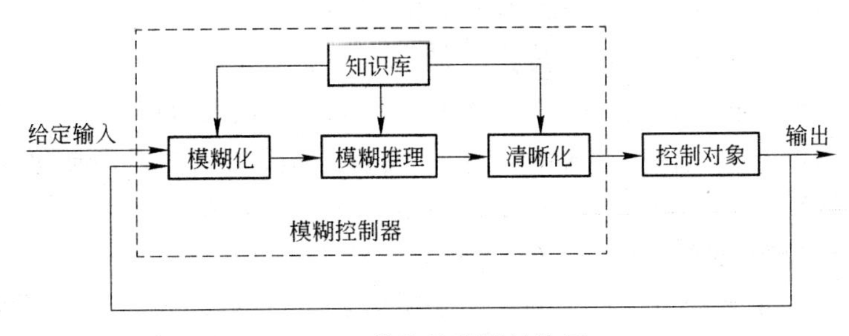

图 6-5 模糊控制器结构图

量，输入量包括给定输入量以及反馈回来的系统输出或状态的反馈量。把输入量值按照语言描述形式变成语言化的变量，这种语言化的变量叫模糊子集合（fuzzy subsets），得到相应的输入论域范围。并且按照与输入值对应的语言值（linguistic value）以及适当的隶属度函数来求出该输入值相对应的隶属度。

b 知识库环节

该环节包含了将要控制的系统的特性，也就是被控制对象的具体外部控制特征，这是因为我们对被控制对象的内部复杂关系没有准确认识和精确的数学描述，只能得到被控制对象的具体外部控制规律。这些被控制对象的具体外部控制规律通常包括数据库（data base）与规则库（rule base）两部分，其中数据库用来提供处理模糊数据的定义、函数和标准，如用来决定各语言变量隶属关系的隶属度函数、尺度变换因子及模糊空间的分级级数等；而规则库则用一系列语言控制规则描述控制目标和策略，集中反映了控制人员的实际经验和知识。

c 逻辑判断环节

该环节是模糊控制器的核心。其工作方式是模仿人对于模糊概念的判断、推理能力。这个环节运用模糊逻辑和模糊推理规则进行逻辑判断，得到模糊控制输出信号（模糊量）。

d 解模糊化（defuzzily）环节

将模糊推理所得到的模糊量形式的模糊输出量转换为用于控制的清晰量，作为系统的输出值（精确值）。有两部分内容，首先将模糊的控制量经解模糊化转换成在论域范围内的清晰量；然后将在论域范围内的清晰量经尺度变换成为实际的控制量。

B 模糊控制实现的具体过程

模糊控制实现的具体过程包括五个主要步骤，即确定变量、模糊化、知识库（模糊控制规则）、模糊判断（模糊推理）及清晰化（解模糊化）。

a 确定变量

（1）定义变量。首先确定模糊控制系统的输入、输出和反馈量，这往往是整个项目中难度最大的，它不但要求研究者有相当的控制理论，还要求研究者对被控制系统的工艺要求、系统的内部关系有较深入的了解，所以一般需要与现场技术人员、工人深入沟通，或邀请他们参加具体的研究设计。一般复杂系统有较多的输入、输出和反馈信号，全部考虑进控制系统的话，控制必将极其复杂而不能实现真正的控制，所以必须对输入、输出和反馈信号进行梳理，抓住主要矛盾，选择最具代表性的、对被控制系统影响最大的输入、输出和反馈信号，对它们进行控制。对已选择的输入、输出和反馈信号还要进行处理，使其变成模糊控制器所要求的输入量。这些控制变量的选择必须能充分体现系统的内部特性，控制变量选择是否得当，将决定控制系统的成败。例如对温度进行控制时，一般取系统输出与设定值的误差值以及该误差值的变化量（单位时间内即变化率，也即误差函数的导数）作为模糊控制器的输入变量，这样既考虑到当前温度的高低对下一时刻温度值的影响，又兼顾了温度变化快慢对下一时刻温度值的影响。按照一般经验，模糊控制系统大多选择系统的决定性的某一个或少数几个输入、输出，输入、输出对时间或其他物理量的变化量（导数），输出误差、输出误差对时间或其他物理量的变化量（导数）及输出误差量总和等，作为模糊控制器的控制变量。至于针对实际问题，如何具体选择模糊控制器的语言变量，则有赖于设计者对被控系统特性的了解程度和有关控制专业知识的掌握程度。因此，在选择控制变量时必须重视实践经验和具体的系统工艺知识，应该与现场工程师、工人相结合，才能正确选择变量。在一般控制问题上，输入变量有输出误差 E 与输出误差之变化率 EC，而控制变量则为下一个状态的输入 U，其中 E、EC、U 统称为模糊变量。经深入调研和多方论

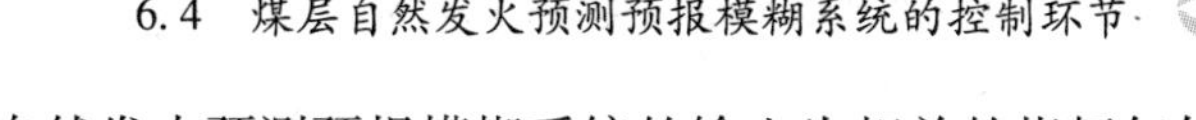

证，煤层自然发火预测预报模糊系统的输入为相关的指标气体浓度及相关的指标气体浓度对时间的变化率，输出为相应的煤层自然发火不同阶段的报警信号。系统是一个预测预报系统，为开环控制，所以没有反馈信号。

（2）对已确定系统的变量进行尺度变换，对已经处理过的输入量进行变换，用适当的比例转换到各自的论域范围之内。

b 模糊化

（1）输入、输出空间的模糊分割。当控制变量确定之后，首先必须对模糊控制器的输入和输出变量的变量空间做模糊分割，然后就可根据实际的控制经验和系统的具体要求写出控制规则。模糊控制规则中，前提的语言变量构成了模糊输入空间；结论的语言变量构成了模糊输出空间。每个语言变量的取值为一组模糊语言名称，每个模糊语言名称与一个模糊集合相对应，这些语言名称构成了一个集合，每个语言变量取值的模糊集合都有相同的论域。模糊分割就是要确定对于每个语言变量取值的模糊语言名称的个数。这些语言名称一般都具有一定的含义，如 NB（Negative Big）是负大；NM（Negative Medium）是负中；NS（Negative Small）是负小；ZE（Zero）是零；PS（Positive Small）是正小；PM（Positive Medium）是正中；PB（Positive Big）是正大。

图 6-6 为两个不同模糊分割的例子，其论域均为 $[-1, 1]$，隶属度函数为三角形或梯形。图 6-6*a* 为模糊分割较粗时的情况，图 6-6*b* 为模糊分割较细时的情况。为便于分析，假设尺度变换时已做了预处理，使 $x \in [-1, 1]$，模糊分割完全对称且均匀。当然，作为一般性情况，模糊语言名称可以是非对称和非均匀分布。

模糊分割时各集合之间重叠的程度对控制性能的影响很大。模糊集合重叠的程度到现在还没有明确的决定方法和具体步骤，目前主要依靠模拟和实验的调整来决定分割方式，最近有人提出大约 1/3 ~ 1/2 最为理想。重叠的部分体现了模糊控制规则间模糊的程度，因此模糊分割是模糊控制的重要特征之一。另外，模糊分割的个数不但决定了模糊控制的精细化程度，同时也决定了模糊控制规则的最大可能的个数，例如当系统为两输入单输出时，如果 x 和 y 的模糊分割数分

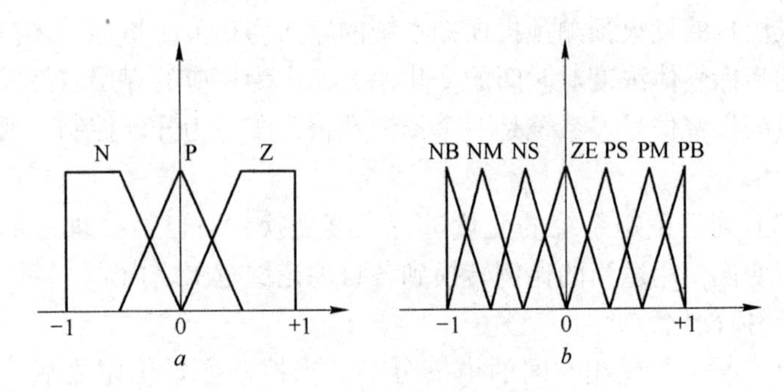

图 6-6 不同模糊分割的例子

a—模糊分割较粗时；b—模糊分割较细时

别为 3 和 7，那么模糊控制规则的最大可能的个数为 $3\times7=21$。所以模糊分割数越多，可能的模糊控制规则的规则数也越多。模糊控制规则太多将使模糊控制的实施非常困难，因为随着模糊分割数的增加，可能的模糊控制规则的规则数将呈几何增加；但如果模糊分割数太小，又将使控制精确程度降低，系统的控制性能不能达到实际的要求，所以必须兼顾系统控制难度和控制精度，选择适当的模糊分割数。目前模糊分割数的确定也没有具体的方法和步骤，主要还是靠经验和试凑。

（2）确定隶属度函数的形式。伦敦大学的 Mamdani 教授最早将模糊变量分为了连续型和离散型两种形式，因此隶属度函数的形式也可以分成为连续型与离散型两种。

1）连续型隶属度函数。对于论域为连续域的情况，隶属度常常用函数来描述。模糊控制中常见的连续型隶属度函数一般有菱形、三角形、梯形函数等。菱形隶属度函数式为：

$$\mu_A(x)=e^{-\frac{(x-x_0)^2}{2\sigma^2}} \tag{6-1}$$

式中 x_0——隶属度函数的中心值；

σ^2——方差。

菱形隶属度函数如图 6-7 所示。

图 6-7 已将模糊全集合加以正则化，即 $x\in[-1,1]$。在模糊控制上，使用标准化的模糊变量，其全集一般也是正则化的，这个正则

化常数（也叫增益常数），是在设计模糊控制器时必须确定的重要参数。隶属度函数的形状对于模糊控制器的性能有很大的影响。形状瘦窄时控制比较灵敏，反之则控制较平缓。一般误差小的时候，隶属度函数应选瘦窄形，误差较大时应选胖宽形。在模糊控制理论开始建立时，一般都采用菱形的隶属度函数以追求较好的性能，但近年来人们发现三角形的隶属度函数在性能上与菱形几乎没有差别，而且三角形计算上比较简单，所以一般都采用三角形隶属度函数。

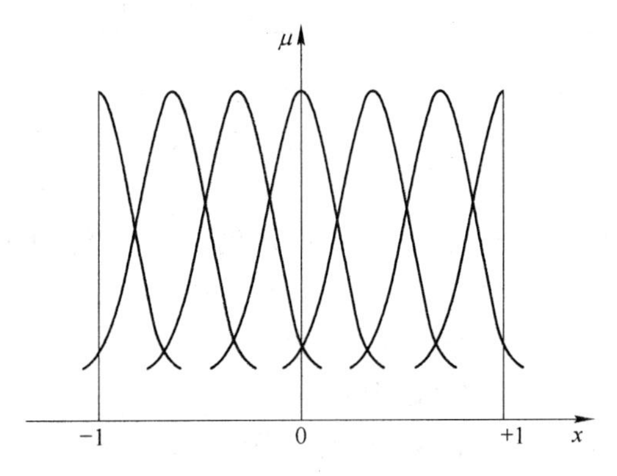

图 6-7 菱形隶属度函数

2）离散型隶属度函数。Mamdani 除使用了连续型隶属度函数外，也使用了全集合由 13 个元素所构成的离散型隶属度函数，并且隶属度均以整数表示（也可用小数表示），这是由于用计算机计算时使用整数比用［0，1］的小数更方便。应用于论域为离散，且元素个数为有限的情况下（当然，具体情况下元素个数可能多于或少于 13 个）。离散型隶属度函数可用向量或表格的形式表示，如表 6-1 所示。

表 6-1 隶属度函数

模糊集合	元素												
	-6	-5	-4	-3	-2	-1	0	1	2	3	4	5	6
NB	1.0	0.7	0.3	0	0	0	0	0	0	0	0	0	0
NM	0.3	0.7	1.0	0.7	0.3	0	0	0	0	0	0	0	0

续表 6-1

模糊集合	元素												
	-6	-5	-4	-3	-2	-1	0	1	2	3	4	5	6
NS	0	0	0.3	0.7	1.0	0.7	0.3	0	0	0	0	0	0
ZE	0	0	0	0	0.3	0.7	1.0	0.7	0.3	0	0	0	0
PS	0	0	0	0	0	0	0.3	0.7	1.0	0.7	0.3	0	0
PM	0	0	0	0	0	0	0	0	0.3	0.7	1.0	0.7	0.3
PB	0	0	0	0	0	0	0	0	0	0	0.3	0.7	1.0

表 6-1 中，每一行表示一个模糊集合的隶属度函数，例如：

$$NB = \frac{1.0}{-6} + \frac{0.7}{-5} + \frac{0.3}{-4} \tag{6-2}$$

选择不同的语言变量及相对应隶属度函数，将使模糊控制器的结构不同，现在为简化起见以及便于在计算机中运用模糊控制，更多的应用的是用表格的形式表示离散型隶属度函数。

c 知识库（模糊控制规则）

控制规则是模糊控制器的核心部分，控制规则是否正确直接影响控制器的性能，而规则数目的多少也是影响控制器性能的一个重要因素。

模糊控制是模仿人的思维的一种处理方法，所以模糊控制规则可由以下 4 种方法取得，各方法之间并不是互相排斥的，如果能结合这几种方法则有助于更好地建立模糊规则库。

（1）基于现场人员的经验和知识。模糊控制中，现场专家的经验和知识是设计的基础。人类在日常生活中对事件进行判断时，使用的方式是语言定性分析多于数值定量分析；而模糊控制规则提供了一个模仿人类的思维及决策分析的结构，用一组语言描述的规则表示现场人员的知识。专家知识通常用如下的形式来表示：

if（满足一组条件）then（可以推出一组结论） (6-3)

在 if...then 规则中，前提和结论都是模糊的。例如“若衣服较脏，则要加更多的洗衣粉”，其中的“较脏”和“更多”都是模糊量。这样的 if...then 规则叫模糊条件句，所以在模糊控制中，模糊控制规则也即是模糊条件句。模糊条件句中的前提是实际应用领域中的条件，结论是要对应于实际条件应采取的控制动作。if... then 的模糊控制规则为应用现场专家的知识提供了方便的工具，一般需要询问多位经验丰富的现场专家，在获得他们系统的经验、知识后，将他们的这些经验、知识改为 if... then 的形式，便可得到模糊控制规则。为了获得最佳的控制性能，还需多次使用试凑法，修正所得的模糊控制规则。对于复杂的多输入多输出（MIMO）系统，有多个前提和多个结论。例如两输入单输出（MISO）系统，它的模糊控制规则有如下的形式：

$$\left.\begin{array}{l} R_1\text{：如果 } x \text{ 是 } A_1 \text{ and } y \text{ 是 } B_1 \text{ 则 } z \text{ 是 } C_1 \\ R_2\text{：如果 } x \text{ 是 } A_2 \text{ and } y \text{ 是 } B_2 \text{ 则 } z \text{ 是 } C_2 \\ \vdots \\ R_n\text{：如果 } x \text{ 是 } A_n \text{ and } y \text{ 是 } B_n \text{ 则 } z \text{ 是 } C_n \end{array}\right\} \tag{6-4}$$

式中，x、y 和 z 都是语言变量；A_i、B_i 和 C_i（$i=1, 2, \cdots, n$）分别是语言变量 x、y、z 在相应论域 X、Y、Z 上的语言变量的集合。

x 是 A_i and y 是 B_i，则 z 是 C_i，所有规则按照一定规律组合在一起就构成了规则库。

（2）基于操作员的操作模式。模糊系统中，要如同现场专家一样巧妙地操作复杂的控制对象，但要将现场人员的知识、技巧转化为控制规则并不容易。但实际上熟练的操作人员在没有数学模式的情况下，也能够成功地控制这些无法用一般的控制理论做正确的控制系统，所以记录操作员的操作模式，并整理为 if... then 的形式，也可构成控制规则。

（3）基于过程的模糊模型。有些特殊的控制对象的动态特性可用微分方程、传递函数、状态方程等数学方法来描述，这样的模型叫定量模型或清晰化模型。而更一般性的是把控制对象的动态特性用语言的方法来具体化地描述，这样得到的模型叫定性模型或模糊模型。在模糊模型的基础上，我们也可建立相应的模糊控制规律。这样设计出的控制系统是纯粹的模糊系统，即控制器和被控制对象都是用模糊的方法描述的，比较适合用理论方法进行分析和控制，但在实际应用中难度极大，也不符合我们采用模糊控制得到简便的控制方法和较好的控制效果的初衷。

（4）基于学习。为了改善模糊控制器的性能，以便适应于变化的实际控制对象，或者实现最优控制，应该让模糊控制系统像人一样具有自我学习、自我组织的能力，使模糊控制器能够按照给定的目标，自动地增加或修改模糊控制规则。这是当今控制理论研究的一个重要方向。

d 模糊判断（模糊推理）

随着模糊控制理论不断发展，模糊推论的方法现在大体分为三种，第一种推论法依据的是模糊关系的合成法则；第二种推论法由模糊逻辑的推论法简化而来；第三种推论法和第一种类似，只是将其后件部分改为由一般的线性式组成的。模糊推论一般采用三段论法，可表示如下：

$$\text{条件命题：if } x \text{ is } A \text{ then } y \text{ is } B \tag{6-5}$$

$$\text{事　实：} x \text{ is } A' \tag{6-6}$$

$$\text{结　论：} y \text{ is } B' \tag{6-7}$$

e 清晰化（解模糊化）

在实行模糊控制时，将许多控制规则按照上述方法进行推理演算，然后结合由演算得到的各个推论结果综合得到控制输出。为了得到受控系统的输出，必须将模糊集合 B' 解模糊化。三种常用解模糊化的方法是重心法、高度法和面积法。其中重心法是模糊控制中段常用的方法。

6.4.2.2 煤层自然发火预测预报模糊系统的模糊算法和软件实现

对任何一个控制系统而言，控制效果的优良与否，都是与人们预想的一个期望值或一个预期达到的结果相比较的，这个期望值或预期的结果叫做给定。比如速度控制，控制结果优良与否体现在速度应以很小的误差稳定在给定的速度值附近。而对于煤层自然发火预测预报系统，给定应是现场工程技术人员提出的、对应煤层自然发火发展各个阶段相应温度的、通过分析和采集现场的实际经验转化而成的相应的各种指标气体的浓度参数；煤层自然发火预测预报系统的控制结果是对浓度参数以及浓度变化的速度进行分析处理得到的煤层自然发火的预测预报，预测预报的结果优良与否要看是否准确反映了煤层自然发火的发展程度，这种煤层自然发火发展程度的反映正确与否，应以人工现场勘察结果为依据。

由于各个煤矿井下煤质、矿井结构、通风系统有各自的特点，所以必须多方面听取现场工程技术人员的建议和经验，才能得到符合其矿井条件的煤层自然发火预测预报系统的给定值，即对应的煤层自然发火发展各个阶段对应的指标气体浓度和浓度的变化速度。经大量的研究分析表明，温度达320℃时极易发生煤炭燃烧，因此可以认定当煤温达到320℃时，对应的指标气体值可被设为报警的槛值；温度达180℃时，由于测量或系统原因，有煤炭燃烧的可能，可以认为当煤温超过这个槛值时会随时发生煤炭燃烧。对应的指标气体值可被设为低警戒和高警戒的槛值；温度达70℃时，煤炭已有发热的趋向，应密切观察，加强人工检测，对应的指标气体值可被设为正常和低警戒的槛值。现在的主要问题是建立不同矿井的煤层自然发火指标气体参数与煤层自然发火不同阶段温度间的关系。显然，希望通过对煤样进行分析，建立具体、准确的数学模型或得到确定、显而易见的关系，进而实现煤层自然发火的预测预报是极其困难的，几乎是不可能的，这已被很多科技人员经过长期的探索，但难于在实际应用中发挥真正的作用所证实。但实际情况中，长期工作在现场的技术人员，可以根据采样所得的指标气体参数，根据自身的经验，对煤层自然发火做出相当准确的预测预报。有鉴于此，所以课题采用模糊控制的方案，仿照现场技术人员的思维、判断模式，对煤层自然发火进行预测预报。

除了考察与温度对应的指标气体的浓度指标值外，还应重视指标气体的浓度指标的变化率，它决定了煤炭自然发火进程的变化剧烈（快慢）程度，所以模糊控制器采用双输入、单输出的结构。由于不同的温度段对应不同的指标气体参数，所以系统按照煤层自然发火不同阶段的指标气体特点，分成三个子模糊控制系统，分别对相应的CO、C_2H_4、C_2H_6/C_2H_4的指标气体浓度和浓度变化速度进行控制。

系统结构框图见图6-8。

各个模糊控制子系统的系统结构都是相同的，不同的是各自的模糊控制规则，即知识库的内容不同。模糊控制子系统的系统结构见图6-9。

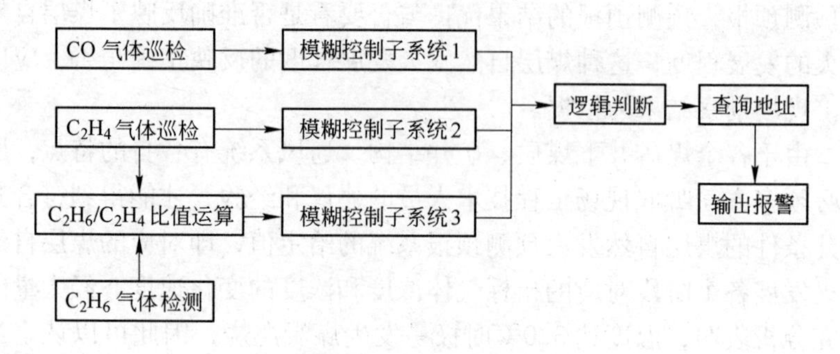

图 6-8 系统结构框图

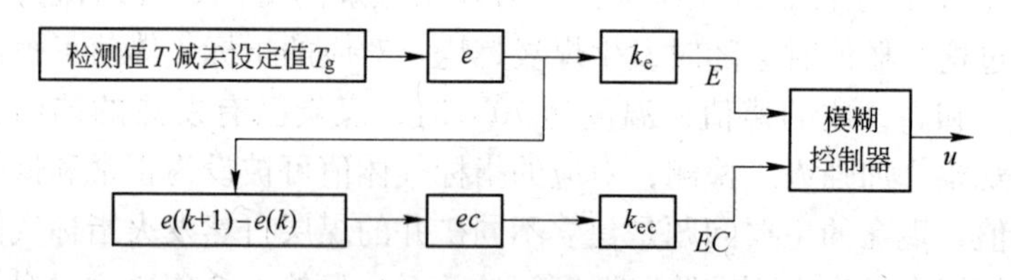

图 6-9 模糊控制子系统的系统结构框图

图 6-9 中：k_{ec}、k_e 和 k_μ 是量化系数，E、EC、u 分别是偏差 e、偏差变化率 ec 和输出控制变量 μ 的语言变量。

实际指标气体浓度和设定的与温度对应的指标气体浓度之差 e 选定作为模糊控制系统的一个输入信号，其离散域对不同的指标气体均为［-3，-2，-1，0，1，2，3］，语言值取为｛NB，NM，NS，ZE，PS，PM，PB｝。而指标气体浓度差值（比值）e 的变化率为 ec，ec 作为模糊控制系统的另一个输入信号，其离散域对不同的指标气体也均为［-3，-2，-1，0，1，2，3］，语言值取为｛NB，NM，NS，ZE，PS，PM，PB｝。系统的输出信号为 u，即系统输出预测预报信号，离散域为［-2，-1，0，1，2］，语言值为｛NB，NM，NS，ZE，PS，PM，PB｝，隶属函数选用三角形离散函数。

该控制器语言控制规则见表 6-2。

模糊控制器的语言控制规则可以用下式表达：

$$\text{if } E_i \text{ and } EC_j \text{ then } \quad u_{ij} \qquad (i, j=1, 2, \cdots, 6, 7) \tag{6-8}$$

求每条规则的模糊关系 R 的隶属度函数为：

$$R = (E \times EC)_1^T \times u \qquad (6\text{-}9)$$

总模糊关系为：

$$R = R_1 \vee R_2 \vee \cdots \vee R_{49} \qquad (6\text{-}10)$$

输出模糊子集为：

$$u_{ij} = (E_i \times EC_j) \cdot R \qquad (6\text{-}11)$$

由以上三式按推理合成规则求出各相应控制决策 u_i，再按隶属度最大原则判决法，将 u_i 转化成精确量，依次生成模糊控制表，存于上位计算机中。实际控制时，根据 E_i 和 EC_j 直接查表，获得相应控制量。在实际控制过程时，只要在每个周期中将采集到的实测误差 $e(k)$（$k=0, 1, \cdots$）和计算得到的误差的变化 $e(k+1)-e(k)$ 以及 $\mu(k)$ 分别乘以量化系数 k_{ec}、k_e 和 k_μ，便可得偏差 e、偏差变化率 ec 和输出控制变量 μ 的语言变量 E、EC、u。

表 6-2 模糊控制规则

	不同 u 下的 EC						
E	NB	NM	NS	ZE	PS	PM	PB
NB	PB	NB	PM	PM	PS	PS	ZE
NM	PB	NB	PM	PM	PS	PS	ZE
NS	PS	NS	PS	ZE	ZE	NS	NS
ZE	PS	NS	ZE	ZE	NM	NM	NM
PS	PS	PS	ZE	NM	NM	NB	NB
PM	ZE	ZE	NM	NM	NB	NB	NB
PB	ZE	ZE	NB	NB	NB	NB	NB

表 6-2 中，e 的离散域对不同的指标气体均为 [－3，－2，－1，0，1，2，3]，但具体哪种指标气体的设定值是多少，以上集合中各元素对应多大的指标气体浓度，都需与现场技术人员相结合，根据以往的经验决定，而输出 u 的 NB、NM、NS 对应低警戒状态，输出警报 3；ZE、PS 对应高警戒状态，输出警报 2；PM、PB 对应报警状态，输出警报 1。逻辑判断部分首先检测煤层自然发火是否达到极易发生煤自燃的危险阶段，如未达到极易发生煤自燃的危险阶段，转入判断是否达到随时可能发生煤炭燃烧的高警戒阶段，如未达到，再转

入判断是否达到有煤炭自行燃烧的可能的低警戒阶段；如在某一阶段发现达到该阶段危险水平，则输出相应的警报信号；在报警时，系统仍继续检测煤自燃的发展情况；警报信号在指标气体降低到相应的数值之下会停止，或采用人工强制切除，如此循环工作。在不需要报警时，系统不进行地址查询，可以节约 CPU 资源，加快运行速度。

因为指标气体采样检测系统每次进气、检测需要 8 ~ 10min，所以煤层自然发火预测预报模糊系统的输出时间也是 8 ~ 10min/次，对于煤层自然发火发展速度而言，系统反应速度足够了。所以，工控计算机有很多空余时间，在空余时间工控计算机还可执行其他控制或管理任务。

逻辑判断部分的流程图见图 6-10。

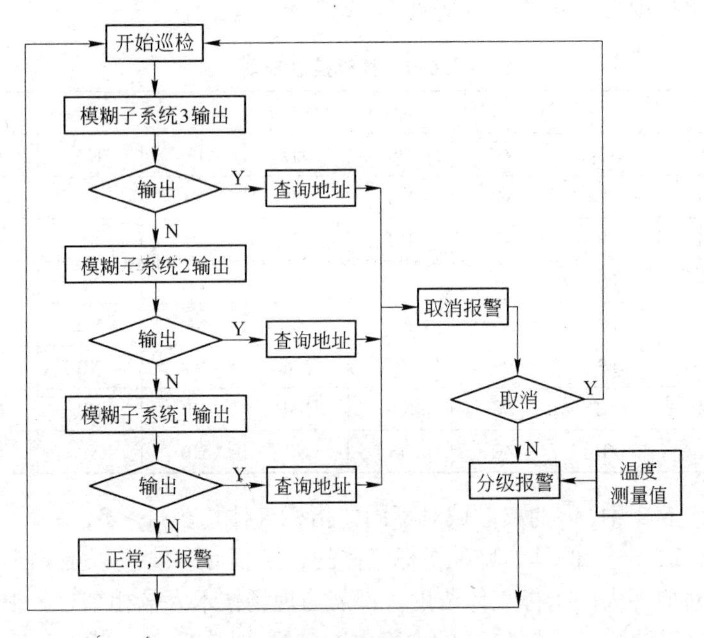

图 6-10 逻辑判断部分的流程图

煤层自然发火预测预报模糊系统以实际指标气体浓度和设定的与温度对应的指标气体浓度之差作为模糊控制系统的一个输入信号，指标气体浓度差值（比值）的变化率作为模糊控制系统的另一个输入信号，输出信号为报警信号，是一个特殊的开环的预测预报系统，并不对什么参数进行控制，其给定分别是各指标气体的浓度。

模糊测控系统设计的一个关键步骤就是知识库的获取。模糊控制规则是基于现场技术人员长期积累的控制经验和专家的有关知识，它是对被控对象进行控制的一个知识模型（而不是数学模型），这个模型就是模糊测控系统的知识库。这个模型建立得是否准确，将决定模糊控制器控制性能的好坏。所以系统必须经现场具体调试、修改才能实际应用。应用时，模糊测控系统的微处理器通过实时访问存有知识库（表）的存储器来调用模糊逻辑，并据此产生控制动作（输出）。由采样时刻的输入和模糊控制规则推导出模糊控制器的输出。实质上是模糊系统植入了人的推理经验，模仿人脑的推理机制来实现前向推理，导出每一时刻输入状态的模糊控制器的输出值，从而预测预报煤炭的自然发火。

模糊系统由于实际的过程模型未知，所以系统的输入模糊化，输出精确化，必须依照现场具体情况而定。而模糊控制规则只能靠理论知识和实际经验在现场反复调试修改模糊控制量，确定模糊控制表，控制效果与参与调试的现场人员的技术水平关系很大。最终煤层自然发火预测预报的效果是与现场实际经验丰富的工作人员对比，现场人员的技术水平越高，经验积累越多，煤层自然发火预测预报系统的控制效果越好，对控制指标的评价就是与现场工作人员对煤层自然发火进程和发展速度的判断之间的对比。但煤层自然发火预测预报模糊系统的优点是集中了大量现场工作人员的经验，避免了个体的人员水平及心情等主观因素的影响，应该与高水平的现场技术人员的预测预报水平相当，高于现场一般技术人员的预测预报水平。

6.4.2.3 煤层自然发火预测预报模糊系统控制环节的预期改进

系统在现有基础上可进一步改善，实现更先进的神经网络控制。虽然很多学者现在都研究神经网络，但神经网络在实际应用尤其是复杂大系统中未见非常成功的范例，神经网络还处于理论和实验室研究阶段，或只在小系统进行试验性应用。

神经网络来源于人的思维特性，人的思维分为逻辑性和直观性两种基本方式。逻辑性的思维是按照逻辑规则进行推理的过程，首先将信息转化成概念，并用符号来表示，然后再根据符号运算规则按串行模式进行逻辑推理。譬如，一个苹果加一个苹果再加一个苹果，可转化为 1 + 1 + 1 = 3，这样的思维为逻辑性思维。而直观性的思维是把分布式存储的信息综合起来，而产生相应的想法或解决问题的办法。譬如，有一堆衣服、比较脏、有大片油渍、需用多少洗衣粉的问题。这里“一堆”、“比较”、“大片”，以及“衣服”、“脏”、“油渍”都是分布式存储的信息，这些信息不能转化成明确概念，也不能用符号说明程度，也就不能进行普通的运算，但这并不影响我们对于最后所加洗衣粉的量的决定，这里我们是考虑了所有这些分布式存储的信息，综合后产生了解决问题的决定，这种直观性的思维方式有两个根本点：

（1）各信息都是以神经元的兴奋与否的模式分布于网络上；

（2）信息的处理是通过各神经元之间的同时相互作用的动态过程来实现的。

人工神经网络就是模拟了人的第二种思维的方式。这是一个非线性动力学的系统，其特点是信息的分布式存储和并行协同处理。虽然每个神经元的结构都极其简单，且功能有限，但是大量神经元构成的神经网络系统能实现复杂的功能。它在很多方面也表现出一定的优点，譬如在模式识别方面。其特点是不需对某问题本身了解多少，只要有比较全的数据，就可以通过训练得到一个计算模型。神经网络系统可以通过大量的样本的训练，达到很低的识别错误率。

一般系统规模比较小时神经网络效果较好，因为系统规模是用三个指标来衡量的，一是特征的数量（小系统大约二三百个），二是训练的样本数（小系统大约几千或几万个），三是分类数（小系统大约几十个）。但当系统规模变大时，如特征数达到几百，训练的样本数达到了几万甚至几十万，特别是当分类数达到几百、上千，神经网络就难以应对了。如手写汉字的识别，因为手写汉字有四千个左右，假设一个字里如果有一百种笔体，就有 100 个训练样本，手写汉字的总样本数就达几十万个之多，况且每个字的笔体远不止一百种，而且特征数也在三五百范围内，这样大规模的计算在神经元网络里很难做成功，所以手写汉字系统一直还需要人工选择，系统识别错误率较高。如果用神经网络构建煤层自然发火预测预报系统也有这样同数量级的错误识别率，显然是不能实际应用的。但可以预计，随着神经网络系统理论的发展，用神经网络构建煤层自然发火预测预报系统在未来将会在实际中有广泛的应用。

7 煤层自然发火防治技术

煤层自然发火的防治较为复杂。根据煤炭自然发火的机理和条件，通常从开采技术、通风措施、介质法防灭火三个方面采取措施进行预防。

7.1 开采技术措施

从防止矿井自然发火的角度出发，开拓开采技术总的要求是：(1) 提高回采率，减少丢煤，即减少或消除自燃的物质基础。(2) 限制或阻止空气流入和渗透至疏松的煤体，消除自燃的供氧条件。对此，可从两方面着手：一是消除漏风通道；二是减小漏风压差。(3) 使流向可燃物质的漏风，在数量上限制在不燃风量之下，在时间上限制在自然发火期以内。为满足上述要求，通常应采取以下技术措施：

(1) 合理确定开拓方式。其中包括：

1) 尽可能采用岩石巷道。开采有自燃倾向性的煤层，应尽可能采用岩石巷道，以减少煤层切割量，降低自然发火的可能性。对于集中运输巷和回风巷、采区上山和采区下山等服务年限长的巷道，如果布置在煤层里，一是要留下大量的护巷煤柱，二是煤层受到严重的切割，其后果是增大了煤层与空气接触的暴露面积，而且煤柱容易受压碎裂，自然发火几率必定增加。

2) 分层巷道垂直重叠布置。厚煤层分层开采时，如果分层区段平巷采用倾斜布置的方式（内错式或外错式），容易给自然发火留下隐患。因此，各分层巷道应采用垂直重叠方式布置，即各分层区段平巷沿铅垂线呈重叠式布置。这种布置方式的优点是：可以减小煤柱尺寸甚至不留煤柱，消除区段平巷处煤体自燃的基本条件；区段巷道受支承压力的影响较小，维护比较容易。

3) 分采分掘布置区段巷道。从防火角度出发，区段平巷应分采分掘，即准备每一区段时只掘出本区段的区段平巷，而下区段的回风平巷等到准备下一区段时再进行掘进。同时，上下区段的区段平巷间不应掘联络巷。

4）推广无煤柱开采技术。采用留煤柱护巷时，不但浪费煤炭资源，而且遗留在采空区中的煤柱也给自然发火创造了条件。采用无煤柱护巷时，取消了煤柱，也就消除了由此带来的煤炭自燃隐患。

（2）选择合理的采煤方法。其中包括：

1）长壁式采煤方法的巷道布置简单，采出率高，有较高的防火安全性，特别是综合机械化的长壁工作面，回采速度快、生产集中、单产高，在相同产量的条件下煤壁暴露的时间短、面积小，对于防止自然发火非常有利。应用综合机械化采煤，这样既可提高煤炭产量，又可在空间上、时间上减少煤炭的氧化。

2）在合理的采煤方法中也应包括合理的顶板管理方法。我国长壁式开采一般采用全部陷落法管理顶板，在顶板岩性松软、易冒落、碎胀比大，且很快压实形成再生长顶板的工作面，空气难以进入采空区，自燃危险性小。但如果顶板岩层坚硬，冒落块度大，采空区难以充填密实，漏风与浮煤堆积易造成自燃火灾。可通过灌浆或用水砂充填等充填法管理顶板，以减小煤的自燃危险性。

3）选择先进的回采工艺和合理的工艺参数，以便尽可能提高回采率，加快回采进度。要根据煤层的自燃倾向、发火期和采矿、地质开采条件以及工作面推进长度，合理确定回采速度，以期在自然发火期以内将工作面采完，且在采完后立即封闭采空区。

4）合理确定近距离相邻煤层（下煤层顶板冒落高度大于层间距）和厚煤层分层同采时两工作面之间的错距，防止上、下采空区之间连通。

5）选择合理的开采顺序。合理的开采顺序是：煤层间采用下行式，即先采上煤层，后采下煤层；上山采区先采上区段，后采下区段，下山采区与此相反；区段内先采上区段，后采下区段。

7.2 通风措施防治自然发火

通风措施防治自然发火的原理就是通过选择合理的通风系统和采

取控制风流的技术手段，以减少漏风，消除自然发火的供氧条件，从而达到预防和消灭自然发火的目的。在通风措施防治自然发火技术中应用最广的是均压防灭火技术。

均压防灭火，其实质是利用风窗、风机、调压气室和连通管等调压设施，改变漏风区域的压力分布，降低漏风压差，减少漏风，从而达到抑制遗煤自燃、惰化火区或熄灭火源的目的。

均压防灭火这一技术开始只应用于加速封闭火区内火源的熄灭，以后又应用于抑制非封闭采空区里煤炭的自热或自燃，同时保证工作面正常安全生产。

均压防灭火技术在开滦（集团）有限责任公司唐山矿多次使用，取得较好效果。

应用实例 1：唐山矿 5080 掘进工作面位于矿井 11 水平南异区域，由于在掘进过程中掘进巷道将贯穿东异采空区，致使整个巷道出现了气温升高、巷道支架出现水珠和雾气、煤焦油味，并在 5080 溜子道和 5080 风道内局部地点相继出现一氧化碳[（24 ~ 300）×10^{-4}%]这些明显的煤炭自然发火征兆。通过对相关系统进行通风压力测定，找到了漏风路线，决定利用均压技术，在东异采空区密闭外钉了两道调节风门，巷道压力提高 350Pa，使新钉的两道风门压力等于 5080 掘进巷道和东异采空区封闭处巷道的压力。实施后对 5080 掘进巷道和东异采空区封闭内的漏风情况进行了现场实测，东异采空区密闭内已经没有明显的串进风状况，在 5080 掘进巷道检查时巷道内空气温度由原来的 30℃下降到 21℃，一氧化碳全部消失，自然发火隐患得以消除。5080 掘进工作面通风示意图如图 7-1 所示。

应用实例 2：唐山矿 $T_2$190 采区回采完毕后进行了永久封闭，该采区密闭较多，因系统间存在压差，铁二区系统的 $T_2$195、$T_2$194、$T_2$193 各密闭均处于进风趋势，长期观察没有出风现象，大多数时间均处于进风状态，只有 $T_2$179 密闭进出风不稳定，采后 12 个月后在 $T_2$190 边眼出现 180×10^{-4}% 的 CO，并有很浓烈的汽油味道，说明存在采空区煤炭自燃隐患。

通过对现场和相关北翼及铁二区通风压力测定，分析并测定出各条漏风路线，经过研究，决定采取不同的措施进行分别治理。为解决

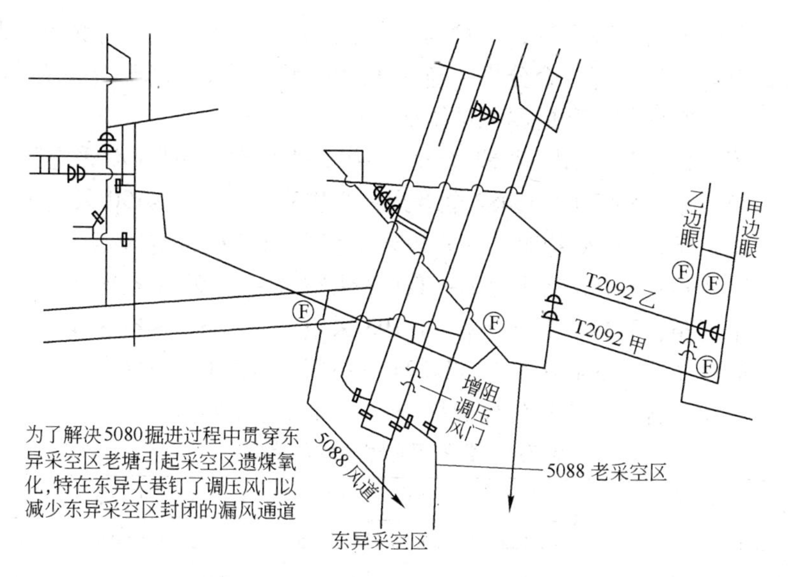

图 7-1 5080 掘进工作面通风示意图

各密闭长期进风问题，在采区进风巷道加阻，减小该采空区与相关区域的压差，以尽量减小密闭漏风，同时配合采空区大量灌浆、注发泡水泥及罗克休堵漏风的综合治理方案，及时消除了采空区的发火隐患。唐山矿 T_2190 采区通风示意图如图 7-2 所示。

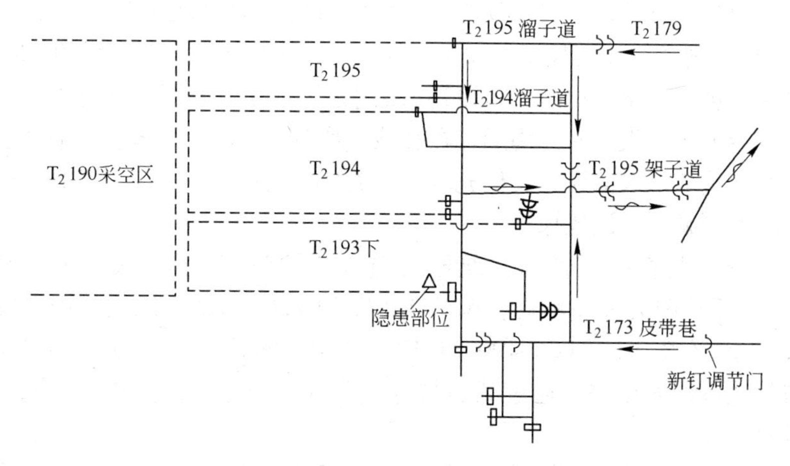

图 7-2 唐山矿 T_2190 采区通风示意图

首先分析漏风系统，针对以上采空区密闭漏风及压差情况和检查各处有害气体进行综合分析，经现场勘察和实测，可以确定与 $T_2$293 工作面采空区相关联的漏风系统如下：

第一条：7962 闭→7962 老巷道→$T_2$294 采空区→$T_2$190 采空区。

第二条：5082 闭→5082 老巷道→$T_2$193 采空区→$T_2$190 采空区。

第三条：$T_2$190 边眼闭→$T_2$193 采空区→$T_2$294 采空区。

第四条：$T_2$193 溜子道闭→$T_2$193 采空区→$T_2$293 采空区。

第五条：$T_2$194 溜子道闭→$T_2$193 采空区→$T_2$293 采空区。

第六条：$T_2$294 风道闭→$T_2$294 采空区→$T_2$293 采空区。

对相关各密闭进行气体取样分析，结果见表 7-1。

表 7-1 各密闭有害气体化验结果 （%）

采样点	O_2	N_2	CO	CH_4	C_2H_2	C_2H_4	C_2H_6	CO_2
5082 上口闭	18.9258	78.1224	0.0026	0.7015	0	0	0.0008	0.6504
7962 密闭	19.1445	78.7741	0.0008	0.0842	0	0	0	0.6926
$T_2$190 边眼闭	20.8854	78.0842	0.0082	0.0641	0	0	0	0.1022
$T_2$193 风道闭	19.1984	78.1147	0.0165	0.8547	0	0	0.0029	1.6952
$T_2$294 风道闭	18.3382	73.5814	0.0001	2.3389	0	0	0	1.1443

综合治理方案如下：

（1）堵漏风。系统的漏风是造成自燃氧化的主要因素，针对 $T_2$293 系统的主要漏风源：12 水平大巷的 7962 密闭、11 水平的 5082 等密闭进行喷浆堵漏风；$T_2$190 边眼闭是另一条主要漏风通道，但由于其巷道压力大，密闭周围存在裂隙。喷浆后因压力显现会将喷浆层压坏，重新形成漏风，我们充填了罗克修封闭材料，共充填 3.5t，最大限度地减少了漏风风量。

（2）调整采区通风系统阻力分布。调整 12 水平铁二采区与 $T_2$293 系统阻力分布状态，调节 $T_2$173 和 7044 的调节风门，用以降低 12 水平铁二 I 采区 $T_2$190、$T_2$193、$T_2$194 的通风压力，减少 $T_2$190 与其他系统的压差，通过减小与进风系统的压差，达到减少漏风的目的。

（3）采空区三相泡沫灌浆。对 $T_2$193 辅助风道和风道密闭应用三相泡沫灌浆技术，利用预先埋管进行采空区灌浆。在$T_2$193回撤前在停采线位置敷设了一条101.6mm（4in）钢管作为注浆管，土水比采用1∶5。三相泡沫中含有粉煤灰或黄泥等固态物质，这些固态物质组成三相泡沫面膜的一部分，可在较长时间内保持泡沫的稳定性，泡沫破碎后具有一定黏度的粉煤灰或黄泥仍可较均匀地覆盖于浮煤上，有效地阻碍煤对氧的吸附，防止了煤的氧化，从而遏制煤自燃的进程。累积灌浆量达到2850m^3，消除了工作面采空区发火隐患。

（4）设立观测点，加强检查监测。为及时对$T_2$190系统的安全隐患进行观测和分析，在7962、$T_2$193、$T_2$190、5082、$T_2$294等密闭处设立了观测点，由管段瓦斯检查员对各种气体参数进行检查观测。专职火检员由旬检改为周检，每周取各密闭气样，进行一次色谱分析，对发火危险程度做出预测预报。完善安全监测系统，原有的$T_2$190安装一台CO传感器，实现24h联网监测，定期抽气样化验，及时做出预测预报，指导防火措施的改进。

通过综合治理方案的实施，煤体自燃氧化得到了有效抑制，采空区自然发火隐患得到了有效治理，取得了很好的效果。$T_2$190系统各密闭的漏风量由2.39m^3/s减少到不足0.45m^3/s，各种气体参数基本正常。

7.3 介质法防灭自然发火

介质法是防灭自然发火的直接技术，其基本出发点：一是消除或破坏煤自然发火基本条件中的供氧条件，降低煤自燃氧化的供氧量；二是吸热降温作用，延缓和彻底阻止煤自然发火的进程。这类技术种类较多，主要有灌浆防灭火、惰化防灭火、阻化防灭火、凝胶防灭火以及泡沫防灭火等技术。

7.3.1 灌浆防灭火

灌浆就是把黏土、粉碎的页岩、电厂飞灰等固体材料与水混合、搅拌，配制成一定浓度的浆液，借助输浆管路注入或喷洒在采空区里，达到防火和灭火的目的。

灌浆防灭火的机理主要有：泥浆中的沉淀物将碎煤包裹起来，隔绝或减小煤与空气的接触和反应面；浆水浸润煤体，增加煤的外在水分，吸热冷却煤岩，减缓其氧化进程；沉淀物充填于浮煤和冒落的岩石缝隙之间，堵塞漏风通道，减少漏风。

灌浆防火的实质是，抑制煤在低温时的氧化速度，延长自然发火期。灌浆系统由制浆设备、输浆管道和灌浆钻孔三部分组成。

灌浆防灭火技术已在开滦集团多个矿区使用，效果显著。

应用实例：开滦集团荆各庄矿 3090 柱综采工作面位于三水平轴东采区 9 煤层，顺槽长度平均 579m，工作面灌浆管路系统如下：

厂内地面灌浆站→0140 回风巷→－246 回风巷→0038 回风斜井→0040 回风巷→1038 回风斜井→140 回风斜井→1040 回风巷→2020E回风巷→3031 斜井→3090 轨道正眼→3090 柱（风道）下运。在 3090 柱运道、风道与 3090 轨道正眼交叉口处各设一个闸阀以便控制注浆方向。

（1）注浆方法：荆各庄矿 9^{S}煤层自然发火期为 2 个月，发火期较短，故采用随采随注浆法，此方法的优点是：注浆工作在时间和空间上不受回采工作的限制；注浆时间一般取夜班或交接班期间，在生产班注浆时必须将注浆管路搭接处用皮套套牢，防止跑浆伤人；将 3090 区域密闭作为卸浆通道，发生堵塞及跑浆时及时打开卸浆闸阀进行卸浆。

（2）注浆材料选用粉煤灰与水混合，灰∶水＝1∶3。

（3）注浆量按下式确定：

$$Q_{浆} = KmLCH$$

式中 m——煤层开采厚度，m，取 3.2m；

L——注浆区的顺槽方向长度，m，取 50m；

H——注浆区的工作面长度，m，取 80m；

C——回采率，%，取 93%；

K——注浆系数，开滦煤田取 $K = 0.05$。

因此：

$$Q_{浆} = 3.2 \times 50 \times 80 \times 93\% \times 0.05 = 595.2\text{m}^3$$

即注浆量为 595.2m^3。

（4）注浆站操作流程如下：

1）所有操作人员持证上岗，在班（组）长的带领下，进行安全确认，检查机械及机电设备是否完好。注浆时井上注浆站不能少于2人操作；井下必须有专职管工巡回检查注浆管路完好情况及有无出水，密闭有无溃浆可能。检查管路完好情况，清理注浆通道处杂物。

2）井下巡视人员准备工作就绪后，打开闸门，用电话与灌浆站联系，井上操作人员先用清水试压观察有无跑冒滴漏或堵塞情况，冲水时间一般不少于20min，然后开始注浆。

3）接到井下停浆电话后，要先停止配粉煤灰，然后给水冲洗管路，冲洗时间不少于20min，清理、冲刷注浆池。关泵时看护人员与把守人员相互叫应，关闭水泵。并把水枪和管路中的水放干净。

4）注浆站清理出来的杂物要及时运走。

5）每天注浆量由井上灌浆站人员负责向区调度室汇报并记入注浆记录，有问题未达到预计注浆量时，汇报人员必须说明原因。

6）向3090柱采空区内注浆时，注灰数量每班不少于15m^3，严禁随意增大或减小灰水比例。

（5）注浆前必须做好以下注浆准备工作：

1）开工前必须对现场进行安全确认，发现隐患及时汇报处理。

2）注浆站和井下注浆点必须安设有效通讯设备。

3）井下注浆点3090柱风道及运道入口处必须设有闸阀，所用闸阀必须能承载住注浆最大压力，并留有一定安全系数；注浆前必须安装压力表，保证其量程符合要求。

4）注浆前必须检查注浆管路是否环接完善，必须提前试压保证不出现跑、冒、滴、漏及堵塞现象，如有问题必须先打电话通知注浆站停泵，待卸压确认无危险后方可处理。

（6）注浆安全技术措施如下：

1）井下负责灌浆人员必须携带四种气体监测仪（氧气、瓦斯、一氧化碳、硫化氢），工作中保证为正常监测开状态。井下负责灌浆人员到灌浆位置后必须先巡视注浆管路及闸阀，确认管路正常，闸阀开启位置正确。

2）准备工作就绪后，打开闸门，用电话与灌浆站联系，开始注浆。

3）井上注浆站接到井下注浆人员到位的报告后，开始开泵灌浆，开泵前控制水枪人员必须把牢水枪，或将水枪固定在水枪架上，固定水枪时提前调整好水枪喷射角度，将水枪固定牢固，避免水枪抽人。

4）注浆时，注浆站人员发现钻孔内浆液向上翻涌时，要及时降低浆液浓度，防止堵塞注浆管路。

5）注浆时井上灌浆站人员不能脱岗，随时观察水泵运转情况、蓄水池水位及出水量，发现问题或井下汇报需停泵时必须及时停泵处理。

6）注浆时井下负责注浆人员必须随时观察注浆情况，以及风道、下运回浆、出水等情况，发现异常及时汇报、及时停泵处理。

7）井下注浆人员进入工作地点时必须进行安全确认，确认无危险后方可靠近工作地点。

8）井下负责注浆人员一旦发现浆流不畅或阻塞问题时，必须先通知井上注浆站停止注浆，浆管内的压力液体由卸浆通道卸出，并用清水冲洗干净，确认无问题后再处理故障。

9）井下负责注浆人员一旦发现浆流不畅或阻塞问题时，必须先将浆管内的浆液泄出，并用清水冲洗，确认无问题后再处理故障。处理跑浆时，要先对管路进行卸压，再处理管路，防止高压浆液伤人。

10）注浆时，提前通知综采一队，当现场人员发现出水、跑浆时及时通知通风区现场值守人员，现场值守人员视情况进行处理并及时向通风区调度回报情况。

11）注浆时，对3032斜井下口密闭、3062溜煤井地点进行巡回检查，发现跑水、跑浆时及时停止注浆，采取措施处理。

12）向密闭内注浆时，必须对受影响密闭提前进行加固，防止出现溃浆事故。

（7）注浆事故的预防：注浆事故的发生大多是由于灰浆中的固体材料脱水性不好，不能及时在采空区内沉淀下来；密闭质量不符合要求。因此注浆中应注意：

1）经常观测水情，当注入水量与排出水量相差很大时，必须查清水的去向，并随时进行分析，采取预防措施。

2）密闭质量必须符合标准，要随时检查密闭，发现问题及时处理。

7.3.2 凝胶防灭火

凝胶防灭火技术是20世纪90年代在我国广泛应用的新型防灭火技术，多用于井下局部煤体高温或发火的防灭火处理。由于其工艺简单，操作方便，防灭火效果较好，在有自燃危险煤层的矿区得到了广泛的应用。

凝胶防灭火技术是通过压注系统将基料（$x\mathrm{Na_2O} \cdot y\mathrm{SiO_2}$）和促凝剂（铵盐）两种材料按一定比例与水混合后，注入渗透到煤和岩石的裂隙中，成胶后则固结在煤体中，起到堵漏和防火的目的。其反应方程式如下：

$$\mathrm{Na_2SiO_3 + NH_4HCO_3 = H_2SiO_3 + Na_2CO_3 + NH_3}\ (\uparrow)$$

刚开始生成的单分子硅酸可溶于水，所以生成的硅酸并不立即沉淀。随着单分子硅酸生成量的增多，逐渐聚合成多硅酸 $x\mathrm{SiO_2} \cdot y\mathrm{H_2O}$，形成硅酸溶胶。若硅酸浓度较大或向溶液中加入电解质时，溶液丧失流动性，形成胶冻状凝胶。

凝胶防灭火具有如下特点：

（1）吸热降温作用。凝胶的生成反应是吸热反应，据测定，$1\mathrm{m^3}$ 凝胶的吸热量大于4MJ；凝胶的含水量大于90%，25℃ 时水的汽化热为2.5MJ/kg 。因此，凝胶对煤体可起到吸热降温的作用。

（2）堵漏风作用。凝胶成胶时间可调。成胶前具有良好的流动性，可以充分渗透到煤的缝隙中；成胶后具有固体性质，有一定强度，一般大于2kPa，能堵住漏风通道，防止漏风。

（3）保水作用。凝胶的含水量大于90%，硅酸所形成的立体网状结构能有效地阻止水的流失。在井下潮湿封闭条件下，凝胶一个月的体积收缩率小于20%，一定时期内能有效地起到堵漏风作用。

（4）阻化作用。凝胶无论其原料还是最终产物都对煤体具有阻化作用，尤其是成胶后能覆盖于煤体表面，阻止其氧化。

（5）成胶材料来源广泛，成本低廉，压注工艺简单，操作方便。

7.3.3 注氮防灭火

惰气指不可燃气体或窒息性气体，主要包括氮气、二氧化碳以及燃料燃烧生成的烟气（简称燃气）等。

惰气防灭火原理：惰气防灭火就是将惰气注入已封闭的或有自燃危险的区域，降低其氧的浓度，从而使火区因氧含量不足而熄灭火源；或者采空区中因氧含量不足而使遗煤不能氧化自燃。

应用实例：注氮防灭火技术在开滦集团林南仓矿 2216 回采工作面防治自然发火中的应用。

7.3.3.1 概况

开滦集团林南仓矿 2216 回采工作面位于 -650 水平，东二小采区 11 槽煤层，北起 2214 下运以南 7m，南到仓 29 孔以北 150m，西起东二小煤 11 上山，东到 10 号剖面线以东 80m 左右；下部为煤 12 的 2226、2224 工作面采空区，上部无工程。工作面走向长 645m；倾斜长 75m；工作面标高 -527.0 ~ -580.8m。煤层倾角 17°，煤层厚度 4.3m。工业储量 29.7 万吨，可采储量 27.6 万吨。采煤方法为走向长壁后退式综合机械化采煤法，采面采用 G320 - 13/32 型支架 51 组。顶板管理方法采用全部垮落法。

7.3.3.2 注氮防灭火技术概述

A 注氮设备类型

用于煤矿氮气的制备方法有深冷空分、变压吸附和膜分离三种。这三种方法的原理都是将大气中的氧和氮进行分离以提取氮气。

深冷空分制取的氮气纯度最高，通常可达到 99.95% 以上，但制氮效率较低，能耗大，设备投资大，需要庞大的厂房，且运行成本较高；变压吸附的主要缺点是碳分子筛在气流的冲击下，极易粉化和饱和，同时分离系数低，能耗大，使用周期短，运转及维护费用高；膜分离制氮的主要特点是整机防爆，体积小，可制成井下移动式，相对所需的管路较少，维护方便，运转费用较低，氮气纯度能达 97% 左右，可完全满足煤矿防灭火的需要。

制氮设备有两种形式，一种是地面固定或移动设备，借助于灌浆管路或专用胶管送往井下火区。另一种是井下移动设备。此次所用DM系列煤矿用膜分离制氮装置属于井下移动设备。

B 氮气防灭火原理

氮气本身具有扩散性，氮气沿漏风通道进入采空区或自燃区域容易充满所注空间，降低其中氧气的浓度，起到惰化作用，从而使采空区遗煤因缺氧而不能继续氧化，自燃区域因缺氧而熄灭。将氮气压入到浮煤所在的空间，起如下作用：

（1）采空区内注入大量高浓度的氮气后，氧气浓度相对减小，氮气置换氧气而进入到煤体裂隙表面，这样煤体表面对氧气的吸附量降低，在很大程度上抑制或减缓了遗煤的氧化放热速度。

（2）采空区注入氮气后，在氧化带内形成一个窒息带。

（3）注入氮气温度一般为14～15℃，氮气在流经煤体时，吸收了煤炭氧化产生的热量，可以减缓煤升温的速度和降低周围介质的温度，使煤的氧化因聚热条件的破坏而延缓或终止。

（4）采空区内的可燃、可爆性气体与氮气混合后，随着惰性气体浓度的增加，爆炸范围逐渐缩小（即下限升高、上限下降），氮气浓度每增加1%时，爆炸下限提高0.017%，上限下降0.54%。当惰性气体与可燃性气体的混合物比例达到一定值时，混合物的爆炸上限与下限重合，此时混合物失去爆炸能力。这是注氮防止可燃、可爆性气体燃烧与爆炸作用的另一个方面。为此认为氮气是一种比较理想的防火材料。

C 注氮技术的应用范围

（1）开区注氮，一般氮气释放口位于进风侧的采空区氧化带内，可采取向采空区提前埋置注氮管或打注氮钻孔等方法。注氮管自停采线伸入采空区长度掌握在40～70m之间为佳。

（2）闭区注氮，就是向回采后封闭或因发火而封闭的区注氮，达到防止自然发火或灭火的目的。条件是向闭区内注氮量要大于漏风量，连续注氮使闭区内全部向外漏氮气。

7.3.3.3 注氮技术在2216回采工作面停采后氧化治理中的应用

2216回采工作面于2007年3月开采，2007年11月12日停采，停采前为了与2214回采工作面实现倒安装，人为控制了推采速度，双班推采改单班推采一个月，采空区遗煤氧化加剧，在停采前50m对采面上下隅角和架间采取了喷洒阻化剂等防火措施。2216回采工作面停采后，采空区还是出现自然发火征兆，2007年11月17日自采面中上部轻放支架架间到采面上隅角开始检测到一氧化碳气体浓度为$40\times10^{-4}\%$，到11月24日一氧化碳气体浓度为$300\times10^{-4}\%$，乙烯浓度最高达$499\times10^{-4}\%$。为确保回撤封闭安全，先后对采空区采取了注水、注浆、注三相泡沫和注氮措施。

A 注氮钻孔位置

根据林南仓矿业分公司工作面采空区三带划分、热电偶和束管检测成果数据分析、自然发火期、标志性气体在采场风流中的显现以及回采工作面推采速度等情况分析，判定2216采空区的氧化区域区间距离停采线15～50m，倾斜方向在采面端头以上25～40m范围内。因此氮气释放口应设置于进风侧的采空区氧化区域下部，根据氧化区域确定钻孔参数为：终孔位置高于采面上顶4m，采面端头以上15m，进入采空区斜长21m，固2寸注氮孔17m。2216回采工作面示意图如图7-3所示。

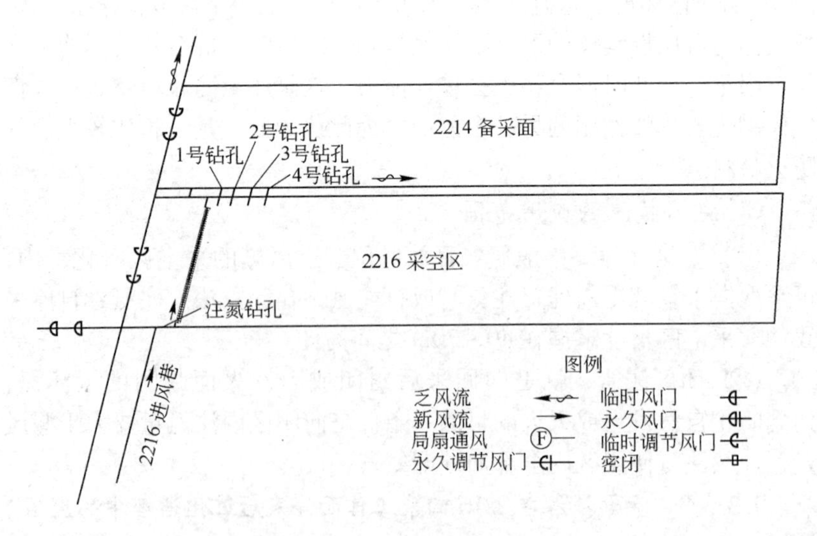

图7-3 2216回采工作面示意图

B 注氮前的准备与注氮时的注意事项

(1) 注氮是否能够控制采空区内高温点继续氧化，达到防灭火效果，关键在于钻孔位置设计，要保证钻孔位置位于氧化点下部，且位于氧化点以里，同时因为采空区内打钻不易下管，施工困难，能否注入氮气是注氮防火的关键。

(2) 要准确判断氧化点范围（该矿根据束管观测数据作为判断依据），为打钻设计提供技术依据。

(3) 为保证氮气不泄漏或少泄漏，在采空区上、下隅角用风筒布设置阻隔风障墙。

(4) 闭区注氮灭火要求密闭严密不漏风，如有漏风要先进行封堵，提高密闭的封闭质量。

(5) 在2216下运注氮入口事先安设2寸阀门和气体检测孔。注氮初期，先将注氮入口的2寸截门关闭，打开六分节门将管路内存的高浓度氧气自六分节门排出，当注氮管路内氧气浓度低于3%时，方可打开通向采空区的2寸截门向采空区内注氮。相关人员迅速巡视注氮管路系统检查有无漏气，发现漏气立即处理。

(6) 注氮期间，窝风区如采面上、下隅角等处氧气浓度可能较低，揭示警标，禁止人员逗留或进入，检测人员不得进入氧气浓度低于18%的区域检查。

(7) 保证地面束管监测系统能够及时准确监控分析注氮效果，如在2216上隅角、2214下运通向2216采空区内的四个钻孔等处分别布控束管监测点，监测采空区内氧气等气体浓度。

7.3.3.4 注氮效果检验

A 注氮流量确定

由于煤矿条件千差万别，没有统一的且也不可能有统一的计算公式，目前只能按综放面（综采面）的产量、吨煤注氮量、瓦斯量、氧化带内氧含量进行计算。

对于回撤工作面来说，工作面不再出煤，瓦斯涌出量逐渐减少，按照采空区氧化带内氧含量计算注氮量较科学，其实质是将采空区氧化带内的原始氧含量降到防火惰化指标以下。计算公式如下：

$$Q_N = (C_1 - C_2)\ Q_V / (C_N + C_2 - 1)$$

式中 Q_N——注氮流量，m^3/min；

Q_V——采空区氧化带的漏风量，m^3/min，取 $30m^3/min$；

C_1——采空区氧化带内原始氧含量（取平均值），取18%；

C_2——注氮防火惰化指标，取7%；

C_N——注入氮气中的氮气纯度，实际为98%。

根据公式计算得注氮流量 Q_N 为 $3.2m^3/min$，注氮时注氮流量稳定在 $500m^3/h(8.33m^3/min)$，满足注氮流量要求。

注氮浓度在98%以上，且保持注氮的连续性，共计注氮29h，注氮总量为 $14575m^3$。

B 注氮效果

采空区注氮仅20h后，观测钻孔和上隅角氧气浓度开始陆续下降，且下降幅度较大，同时在架间特别是最早发现一氧化碳气体的35~36组架子间氧气浓度一度降低到8%以下，注氮效果束管监测分析数据统计如表7-2所示。

表7-2 注氮效果束管监测分析数据统计

时 间	地 点	浓度/%					
		O_2	N_2	CO	CO_2	CH_4	C_2H_4
12月5日	1号钻孔	19.8797	80.0261	0	0.0855	0.0087	0
12月7日	1号钻孔	5.4141	80.6135	0.0042	0.1283	13.7892	0.0507
12月9日	1号钻孔	1.0045	68.4698	0.0024	0.0994	31.4241	0.0043
12月11日	1号钻孔	9.5265	88.024	0	0.0773	3.0082	0
12月5日	2号钻孔	19.8766	80.0018	0	0.1186	0.003	0
12月7日	2号钻孔	6.6322	88.8455	0.0012	0.0568	4.4583	0.006
12月9日	2号钻孔	6.3785	81.6054	0	0.0395	11.9726	0.0041
12月11日	2号钻孔	2.6256	80.0665	0	0.0812	9.9755	0
12月5日	3号钻孔	13.1143	85.2375	0.0005	0.0635	1.5814	0.0029
12月7日	3号钻孔	7.4721	78.6356	0.0015	0.0534	13.8374	0
12月9日	3号钻孔	1.6503	85.8575	0.0012	0.0631	12.4059	0.022
12月11日	3号钻孔	3.3382	77.8378	0.0005	0.072	18.7471	0.0044
12月5日	上隅角	2.7634	74.665	0.0046	0.3746	20.7621	0.0494
12月7日	上隅角	9.8337	90.3384	0.0059	0.1147	0.5286	0.0125
12月9日	上隅角	8.1792	91.3869	0.0061	0.0995	0.3284	0
12月11日	上隅角	17.4069	82.4524	0.0093	0.0547	0.0766	0

2216 采空区发火隐患的治理，不仅保证了支架的安全回撤，同时消除了 2216 采空区的自然发火隐患，为与之相邻的 2214 回采工作面的正常回采提供了安全保证。2216 采空区采取注氮措施后，消除了自然发火隐患，为正常安全回撤支架赢得了时间。

7.3.3.5 治理结论

（1）注氮防灭火技术无论开区、闭区都能有效地控制煤炭自燃。一般当采取注氮措施无一氧化碳后再持续稳定注氮 1.5 月以上可彻底消除发火隐患。

（2）注氮防灭火技术工艺简单，使用成本低，与二氧化碳等惰气防灭火工艺相比，使用的防灭火材料具有无毒、无害、无危险等特点，属绿色环保工艺。

（3）在容易自燃和自燃煤层工作面正常推采或收尾时，自下运距停采线提前 40m 左右埋管或打钻下管采取注氮防灭火措施，可彻底消除采空区自然发火隐患。

（4）在闭区内只要持续稳定注氮且注氮气流量大于漏风量，氮气浓度在 97% 以上，即可消除闭区发火隐患。

（5）准确判断采空区氧化分布和采空区氧化高温点的范围，是采空区注氮防灭火的关键。

（6）注氮灭火工艺所用材料为空气，取材方便清洁，安装注氮管路简单，无需动用大量人力，能保证矿井的正常生产秩序。

注氮工艺与注浆工艺比较，注氮工艺有如下优点：

（1）防火材料清洁、省工省力。采取注浆措施时现场应停止其他无关工作，使用工力较多，一般需要地面制浆 6 个工时，井下巡浆 4 ~6 个工时，一旦发生跑浆事故会使跑浆现场环境恶化，对工作人员的安全造成威胁，从停止注浆到处理跑浆完成需要经过卸压放浆、清理淤泥等工序，费时费力，影响正常工作；相比之下注氮工作只需一名注氮泵司机职守、一名现场监护人员和一名管路巡视人员，注氮时只需注意检查注入氧气浓度，注氮工作的同时采面甚至无需停止生产，现场工作人员在监护人员的指导下只要注意不要进入无风区域或微风区域即可。

（2）可有效稀释瓦斯，注氮安全稳定。注氮工作一般自采空区进风侧进行，注浆工作须自上而下从采面上隅角进行，如果采空区采用上隅角埋管抽放措施会与注浆工作形成相互干扰，因存在许多不可预料性注浆过程中有可能使采空区瓦斯突然大量涌出，影响矿井安全生产。注氮工作因其要求具有连续稳定性，注入采空区内的氮气对瓦斯起到稀释作用，为此不会发生瓦斯突然大量涌出事故，注氮措施具有较高的安全性。

（3）取材方便。注沙防灭火起不到包裹破碎煤体的隔氧作用，因黄土包裹效果较好，目前注浆所用主要材料为黄土，黄土取自表土层，取土需要经过土地管理部门批准，而且黄土价格较高，包括运费约50元/m^3，一般灌浆每工时需消耗黄土40m^3。而注氮防火材料是空气，取材极其方便，除注氮设备购置费用、维修费用和电费外，无需其他费用。

（4）操作简便，防火工作不受季节影响。矿井火灾随时可能发生，受季节影响地面灌浆站操作人员需要忍受严寒酷暑，在冬季天寒地冻取土困难，且地面注浆站没有取暖设备，工人工作环境恶劣；夏季酷暑难当，地面注浆操作人员一班工作下来也非常辛苦。而移动注氮设备安设于井下新鲜风流中，注氮工作不受季节影响，注氮司机不受严寒酷暑威胁。

7.3.4 泡沫防灭火

应用泡沫充填剂是矿井充填堵漏风防灭火的主要技术手段之一。泡沫是不溶性气体分散在液体或熔融固体中所形成的分散物系。泡沫可以由溶体膜与气体所构成，也可以由液体膜、固体粉末和气体所构成，前者称为二相泡沫，后者称为三相泡沫或多相泡沫。

二相空气泡沫、二相惰气泡沫、聚氨酯泡沫、脲醛泡沫、水泥泡沫等在煤矿防灭火中虽已得到应用，但由于二相泡沫稳定性差，聚氨酯泡沫、脲醛泡沫、水泥泡沫成本高，对人体健康有害，应用受到限制。二相泡沫添加固体粉末形成三相泡沫后其稳定性增加，从整个世界发展趋势看，煤矿井下巷道顶板冒落空洞及沿空侧空洞、裂隙充填正在朝着轻质固化泡沫方向发展。

应用实例：三相泡沫防灭火新技术在开滦集团荆各庄矿3096工作面防灭火中的应用。

7.3.4.1 概述

3096工作面位于荆各庄矿三水平9煤层，为易自然发火煤层，自然发火周期2个月。该工作面在回采前切眼支架上顶就出现了较大范围的高温点，经过采取措施治理后保证了正常回采，但是在回采过程中采空区内存在较大的自然发火隐患，为保障安全生产的正常进行，并综合考虑该矿的实际情况，采用上隅角预埋管注三相泡沫的方式对采空区煤炭自燃进行防治。

根据矿业公司检修安排，更换主井罐道需停产38天，到停产时为止，3096工作面下运已经推采140m，中运推采36m，风道推采34m。停采期间工作面架间、采空内都存在较大发火隐患，采用上隅角预埋管、中运打钻两种方式注三相泡沫对采空区煤炭自燃进行防治。

3096工作面系统如图7-4所示。

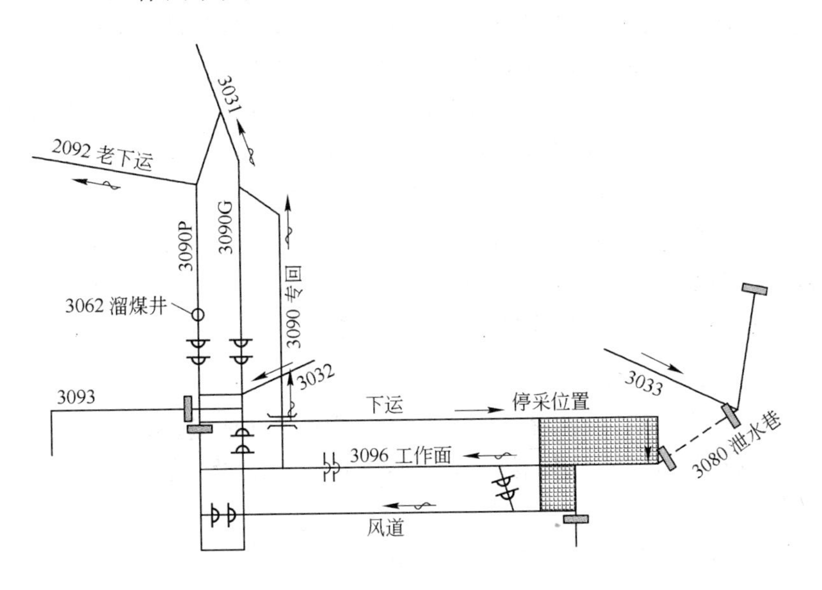

图7-4 3096工作面系统示意图

7.3.4.2 三相泡沫原理及特点

三相泡沫是由气（氮气或空气）、固（粉煤灰或黄泥等）、液相经发泡而形成的具有一定分散体系的混合体。氮气能有效地固封于三相泡沫之中并下落到火区底部，随泡沫破灭而释放出来，充分发挥了氮气的惰化、抑爆作用。三相泡沫中含有粉煤灰或黄泥等固态物质，这些固态物质组成三相泡沫面膜的一部分，可在较长时间内保持泡沫的稳定性，泡沫破碎后具有一定黏度的粉煤灰或黄泥仍可较均匀地覆盖于浮煤上，有效地阻碍煤对氧的吸附，防止了煤的氧化，从而遏制煤自燃的进程。上述内容表明三相泡沫具有降温、阻化、惰化、抑爆等综合性防灭火性能。

与现有的防灭火技术及材料相比，含氮气的三相泡沫兼有一般注浆方法和惰气泡沫防灭火的优点。泥浆通过引入氮气发泡后形成三相泡沫，体积大幅快速增加，被注入后能充斥整个火区，因为三相泡沫有很好的堆积性，所以能在火区中向高处堆积，对低、高处的浮煤都能覆盖；三相泡沫能将浆水均匀地分散，有较好的挂壁性，有效地避免浆体的流失，保护井下环境；注入在采空区的氮气被封装在泡沫之中，能较长时间滞留在采空区中，充分发挥氮气的窒息防灭火功能；三相泡沫中含有粉煤灰或黄泥等固态物质，这些固态物质是三相泡沫面膜的一部分，可较长时间保持泡沫的稳定性，即使泡沫破碎了，具有一定黏度的粉煤灰或黄泥仍然可较均匀地覆盖在浮煤上，可持久有效地阻碍煤对氧的吸附，防止煤的氧化，从而防止煤炭自然发火。此外，三相泡沫是一种工艺简便、安全环保、价格低廉的防灭火材料。

7.3.4.3 三相泡沫防灭火工艺流程

A 安装、准备

（1）将发泡器连接在注浆管路上，距离灌注地点50m左右；

（2）将压风系统安接至发泡器附近，并安设一瓦路可以进行控制；

（3）在发泡器出口侧安装一观察口，以便观察发泡效果；

（4）井上根据注浆泵的流量调节添加泵的流量；

（5）对注浆池入口的过滤网进行加工，过滤网密度（网孔大小）

以 8mm 为宜。

三相泡沫防灭火工艺流程如图 7-5 所示，发泡设备和发泡设备处的连接如图 7-6、图 7-7 所示。

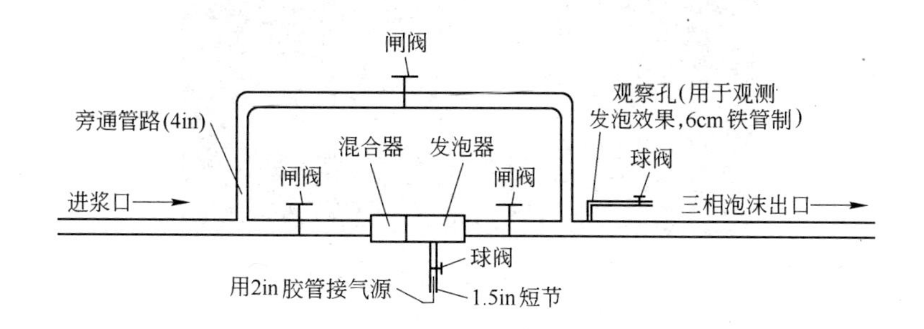

图 7-5 三相泡沫防灭火工艺流程图

(1in = 25.4mm)

灌注三相泡沫时开启发泡器处阀门，同时关闭旁通管路阀门；普通注浆时相反，能够实现两种工艺的方便转换。

图 7-6 发泡设备图

B 灌注工艺

首先在制浆站中，用高压水枪冲洗黄土，形成浓度为 20% 左右的泥浆，经过过滤网（网孔大小≤8mm）过滤出泥浆中的杂质，打开泥浆泵向注浆管输送泥浆，同时开启发泡剂定量添加，泵将发泡剂

图 7-7 发泡设备处的连接示意图

加入注浆管路中，浆液与发泡剂在管道流动中进行混合均匀后，经过装在管路中的发泡器，在发泡器中接入氮气，氮气与含有发泡剂的黄泥浆体相互作用产生出三相泡沫，形成的三相泡沫经采空区预埋管路注入采空区，覆盖采空区浮煤，防止浮煤自燃。

灌注三相泡沫工艺流程如图 7-8 所示。

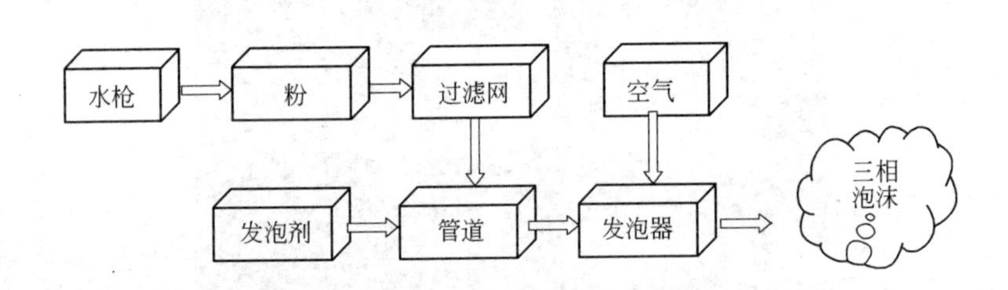

图 7-8 灌注三相泡沫工艺流程

C 基本参数

（1）水土比（质量比）为4:1；

（2）耗浆量：$10m^3/h$，水：$8m^3/h$，黄泥：$2m^3/h$；

（3）氮气机（空气压缩机）的气量应该不小于 $300m^3/h$；

（4）发泡器进气口压力不小于 0.3MPa；

（5）三相泡沫产生量为 $300m^3/h$；

（6）发泡剂使用的比例0.3%～0.5%，即发泡剂：30～50kg/h；

（7）连续灌注24h。

注：根据现场观测三相泡沫的泡沫持续时间约为1天，同一地点灌注三相泡沫时，建议间隔时间不超过1天；如果井上注浆泵的流量大于$8m^3/h$，应采取措施对流量进行控制，否则发泡器处造成阻塞，灌浆管路容易崩裂。

7.3.4.4 现场实施灌注方式

A 上隅角埋管灌注

在3096工作面上隅角埋设管路灌注三相泡沫（布置如图7-9所示）。上隅角每30m预埋管接一个4in（101.6mm）三通，三通沿工作面后溜子方向管长1m，向采空区方向管长3m，管路前段随机打孔，孔径1.5cm。正常情况下工作面每推进30m后就开始连续注三相泡沫，连续注24h后停止（或者直至采面涌水）。等工作面再推进30m后又开始连续注三相泡沫，如此循环。

如工作面不能正常推进时，需要加强灌注，直到上下隅角出现三相泡沫为止，停止灌注。

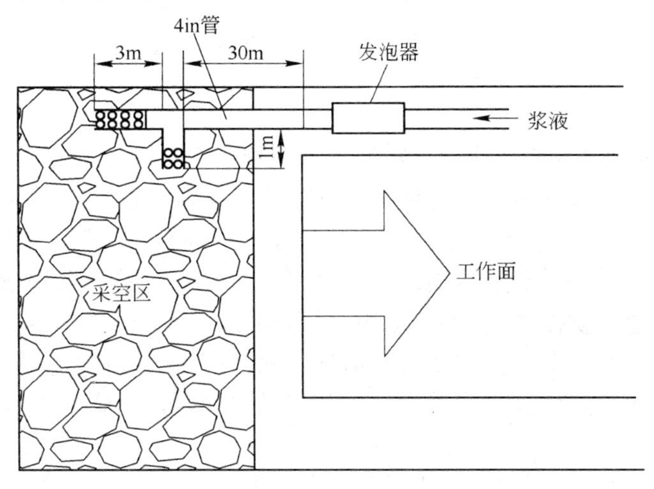

图7-9 上隅角管路布置示意图

（1in＝25.4mm）

B 支架上顶打钻灌注

在3096工作面中运向支架上顶打钻利用2in(50.8mm)管向采空区注三相泡沫（布置如图7-10所示）。在中运向采面支架后方打钻孔三个，钻孔呈扇形布置。钻孔深度15m左右，在管路前端随机打孔，孔径1cm。连续注24h后停止（或者直至采面涌水）。

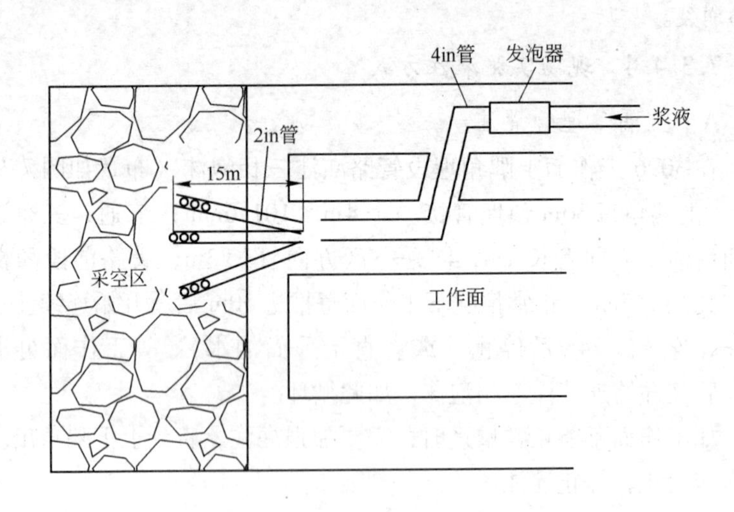

图7-10 中运打钻埋设管路布置示意图

(1in = 25.4mm)

7.3.4.5 灌注三相泡沫的注意事项

（1）黄泥浆的水土比例为4∶1左右，制浆之前要用过滤筛对黄泥进行筛选，过滤筛筛孔直径不能超过8～10mm。

（2）灌注三相泡沫前应先检查整套管路系统是否连接好，包括注浆管道、搅拌器和发泡器装置、气体管路和注发泡剂装置。

（3）检查完毕，先用清水清洗管路，结束后开始往管路中注泥浆，当泥浆开始进入管道后，打开注发泡剂泵，开始往管道中注发泡剂。

（4）发泡剂定量添加泵使用前要预先向抽取发泡剂的1in(25.4mm）胶管里灌满水，然后再开泵。发泡剂定量添加泵严禁停及调速。

（5）灌注时先开注浆泵和发泡剂定量添加泵再打开气源。

（6）每次灌注之前都要从发泡器观察孔观察发泡效果，确保泥浆全部形成细密的泡沫。

（7）每次灌注时要求按照以上灌注时间进行连续不间断的灌注。

（8）井上浆液的配制、发泡剂及注发泡剂泵的维护应有专人负责；井下注三相泡沫、发泡器的维护应有专人负责。

（9）当下浆受堵时，首先关掉注发泡剂泵的电源开关并停止注浆液和气体；然后检查管路和发泡器是否受堵；清理和维修完毕后，恢复正常工作。

（10）当停止注三相泡沫时，应立即关掉注发泡剂泵的电源开关，以免浪费发泡剂。

（11）发泡器是产生三相泡沫的关键设备，有进、出口之分（左端为进口，右端为出口），安装时应防止接错。其中，配有两个压力表，左端进口处的压力表指示浆体压力，中间位置的压力表指示气源（氮气或压缩空气）的压力。

7.3.4.6 三相泡沫在3096防灭火中取得的效果

在3096综采工作面切眼高温点得到处理后，回采期间我们每隔30m埋设预埋管，向采区内不间断灌注三相泡沫，进一步减小了采空区内的发火隐患。

主井检修需停产期间，利用事先预埋的管路向采空区内灌注三相泡沫，在采面上隅角、95～99组支架架间分别有大量泡沫溢出，并且泡沫上伴有细小颗粒的粉煤灰。在阻化采空区煤层自燃与减少采空内漏风起到了非常重要的作用。

停采期间在连续灌注三相泡沫的同时，我们也利用束管监测系统对3096工作面上隅角的气体变化进行监控，如图7-11所示，在CO变化曲线上我们也可以看出，采取相应的防灭火措施后，煤层氧化能力逐渐降低，直至最后消除煤层自然发火隐患。

7.3.4.7 经济效益

（1）防治煤炭自燃的三相泡沫由固态不燃物（粉煤灰或黄泥等）、气体（N_2或空气）和水三相防灭火介质组成。三相材料价格较低。

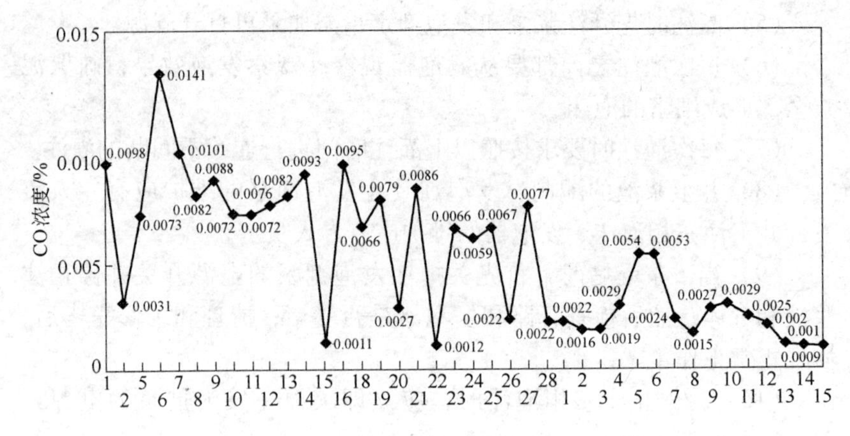

图 7-11 3096 上隅角 CO 曲线图

（2）含空气的三相泡沫利用粉煤灰或黄泥的覆盖性和水的吸热降温性进行防灭火，大大提高了防灭火效率。由于三相泡沫发泡倍数较高，单位体积的泡沫材料成本大幅下降，具有较高的经济效益。

（3）其防灭火方法简单，与其他防灭火方法相比较，费用较低。

（4）操作简便，注三相泡沫每次最多使用 5 人，节省大量人力。

每立方米三相泡沫成本计算如下：

（1）三相泡沫设备 6.8 万元。

（2）后期灌注三相泡沫需投入发泡剂（1.9 万元/t）、粉煤灰（21 元/t）。三相泡沫发泡器流量 $10m^3/h$，可以产生三相泡沫 $300m^3$；其中水 $8m^3$、粉煤灰 $2m^3$、发泡剂 30kg，粉煤灰成本为：$2m^3 \times 0.6t/m^3 \times 21$ 元/t = 25.2 元；发泡剂成本为：0.03t × 19000 元/t = 570 元。

因此，每立方米三相泡沫单价为：(25.2 + 570)/300 = 1.984 元。

7.3.4.8 存在问题

（1）发泡器的流量较小，不能满足 4in（101.6mm）注浆管路需要。

（2）发泡器内部容易发生阻塞，注浆管路压力升高，发生多处跑冒。

（3）发泡器内叶轮连接摩擦阻力较大，有待改进。

（4）发泡剂过冷时凝固。

7.3.4.9　三相泡沫优势探索

（1）3096 工作面实践中发现，采空内充填满泡沫后，采面上隅角的瓦斯突然减少。在瓦斯较高的工作面回采时利用上隅角灌注三相泡沫方式来治理上隅角积存的瓦斯，泡沫可以充填满采空区，将采空区内的瓦斯置换掉，泡沫破碎后其中的氮气又可以起到阻燃的作用。

（2）利用三相泡沫处理火区内高位发火点，其效果要比封闭注惰性气体好。具体表现在：

1）泡沫充填满采空区后，可以将火区内空气彻底置换出来；

2）泡沫破碎后其中的氮气同样阻燃；

3）三相泡沫可以使水分全面接触高位发火点，尽快地将火源熄灭。

参考文献

[1] 张爱云．煤开采和加工利用过程中的污染与防治对策［J］．煤炭技术，1996（2）：27～46.

[2] 吕品．煤炭自然发火指标气体的试验研究及其应用［J］．中国煤炭，2000（4）：14～17.

[3] 王省身，张国枢．矿井火灾防治［M］．徐州：中国矿业大学出版社，1990.

[4] Michail J Gouws. Technical Developed at the University of the Witwaterstand to Assess the Liability of Coal to Self- heat［J］. Journal of the Mine Ventilation Society of South Africa，1992（9）：127～132.

[5] 康立勋．南非煤炭的自燃［J］．煤矿技术，2000（2）：61～63.

[6] 吴俊．用煤岩分析方法研究煤的自燃倾向性［J］．煤炭工程师，1987（3）：9～13.

[7] Vedat Didari. Developing a Spontaneous Combustion Risk Index for Turkish Coal Mines——Preliminary Studies［J］. Journal of Mines，Metals & Fuels，1998（5）：211～215.

[8] Feng K K，et al. Spontaneous Combustion，A Coal Mining Hazard［J］. CIM Bulletin，1973（10）.

[9] Bureau Develops Spontaneous Combustion Formula［J］. Coal，1989（7）：73.

[10] Charles P Lazzara. Overview of U. S. Bureau of Mines' Spontaneous Combustion Research［D］. Coal Mining Technology，Economics and Policy，Pittsburgh：143～154.

[11] Chandra D，Prasad Y V S. Effect of Coalification on Spontaneous Combustion of Coals［J］. International Journal of Coal Giology，1990（16）：225～229.

[12] Gouws M J. Crossing-Point Characteristics and Differential Thermal Analysis of South African Coals［D］. Msc（Eng）Dissertation，Department of Mining Engineering，University of the Witwatersrand，Johannesburg，1987.

[13] Gouws M J. A Spontaneous Combustion Liability Index Based on Ignition Temperature Tests and Adiabatic Calorimetry［D］. PHD Thesis，Department of Mining Engineering，University of the Witwatersrand，Johannesburg.

[14] Gouws M J，Eroglu H N. A Spontaneous Combustion Liability Index，Proceedings 13th［C］. Scientific and Technical mining Congress of Turkey，Istanbul，Turkey，1993：59～68.

[15] Saim Sarac. A statistical Approach to Spontaneous Combustion Tendency of Coal［J］. Journal of Mines，Metals & Fuels，1993（6～7）：146～149.

[16] 李家铸．绝热氧化法判定煤的自燃倾向性［J］．煤炭分析及利用，1994（3）：29～31.

[17] 徐精彩，文虎，郭兴明．应用自然发火实验研究煤的自燃倾向性指标［J］．西安矿业大学学报，1997（6）：103～107.

[18] 罗康成. 煤炭自然发火早期预测方法研究 [J]. 贵州煤炭，1996 (2)：1～12.
[19] 胡慎仪，等. 色谱分析在煤层发火早期发现技术中的应用 [J]. 中国矿业，1992：100～103.
[20] 枣庄矿务局柴里煤矿，等. 煤炭自燃早期预测预报指标气体的选择 [J]. 煤矿安全，1987 (1)：26～32.
[21] 刘文成. 完善的矿井自燃火灾监测系统 [J]. 煤矿安全，2000 (4)：14～16.
[22] 范明训，等. 煤炭自燃早期预测预报指标气体选择 [J]. 现代采矿技术国际学术讨论会论文集. 采矿工程，1988 (10)：80～89.
[23] 杜鸿，李力欣，等. CAN 总线在矿井火灾监控系统中的应用 [J]. 煤矿安全，2000 (10)：38～40.
[24] 田水承，李红霞. 煤层开采自燃危险性预先分析研究 [J]. 西安矿业学院学报，1998 (3)：17～22.
[25] 黄之聪，等. 预报煤矿自然发火的束管检测系统 [J]. 煤炭工程师，1998 增刊：34～36.
[26] 高崎大助. 自然发火的判断技术 [J]. 炭矿技术，1990 (3)：5～14.
[27] 聂容春，等. 煤岩组分对预测自燃指标气体的影响 [J]. 煤田地质探索，24 (4)：27～29.
[28] 余明高，等. 火灾预报参量波动规律基础及方法的研究 [J]. 矿业安全与环保，1999 (3)：1～3.
[29] 张国枢，等. 煤炭自燃指标气体实验优选与应用 [J]. 淮南矿业学院学报，1995 (1)：42～45.
[30] 田代襄，等. 自然发火早期发现的各项指标气体 [J]. 江苏煤炭科技，1984 (1)：59～64.
[31] 仲维仁，等. 应用格拉哈姆系数 (G) 进行自然发火点预测预报 [J]. 煤矿安全，1987 (10)：21～25.
[32] 阮国强，等. 束管监测系统在矿井防灭火中的应用 [J]. 煤矿安全，2000 (8)：25～26.
[33] 马树元，等. 综采工作面开采倾斜分层防灭火的经验 [J]. 东北煤炭技术，1999 (5)：31～35.
[34] 何萍，等. 煤氧化过程中气体的形成特征与煤自燃指标气体选择 [J]. 煤炭学报，1994 (6)：635～643.
[35] Banerjee S. Spontaneous Combustion of Coal and Mine Fires [C]. Rotterdam：A A Balkema，1985：166.
[36] 黄之聪. 链烷比、烯烃和六枝矿区煤的自然发火 [C]. 第 22 届国际采矿安全会议论文集. 北京：煤炭工业出版社，1987：451～461.
[37] 罗海珠. 各煤种自然发火指标气体指标研究 [J]. 煤矿安全，1992 (5)：5～10.
[38] Ohga. Early Detection of Mine Fire in Underground by Using Smell Detectors [J]. Proceed-

ings of the US Mine Ventilation Symposium, 1995: 231 ~ 236.

[39] 杨宏民. 预测煤自然发火的新方法——气味检测法 [J]. 煤矿安全, 2000 (5): 35 ~ 37.

[40] 戚颖敏, 钱国胤. 煤自燃倾向性色谱吸氧鉴定法与应用 [J]. 煤, 1996, 5 (2): 5 ~ 9.

[41] 穆满根. 阳泉矿区煤层开采对自燃的影响及预防措施 [J]. 煤炭技术, 2002, 19 (2): 23 ~ 24.

[42] 刘德成, 张频. 新集矿煤巷高帽处的自然发火预防及处理 [J]. 矿业安全与环保, 2000, 27 (3): 56 ~ 57.

[43] 徐精彩, 邓军, 文虎. 采煤工作面采空区可能发火区域分析 [J]. 西安矿业学院学报, 1998, 18 (1): 13 ~ 16.

[44] 林海燕, 彭根明. 煤炭自燃过程的物理化学机理探讨 [J]. 山西煤炭, 1998, 18 (3): 31 ~ 34.

[45] 罗新荣, 等. 采场自然发火危险预测方法与控制原理研究 [J]. 中国矿业, 2000, 9 (2): 83 ~ 88.

[46] 河北化院环保工程系色谱室. 气相色谱实验 [D], 1982.

[47] Handbook of The Committee of Experts for Mine Rescue of Coal Mine Association. Evaluation of Results of Analysis of Mine Combustion Gas Samples [D]. West Germany, 1987.

[48] Morris R, Atkinson T. Seam Factor and the Spontaneous Heating of Coal [J]. Mining Science and Technology, 1988 (7): 149 ~ 159.

[49] 周家平, 等. 对沛城煤矿井下煤层自然发火进行预测预报工作的研究 [J]. 徐煤科技, 1996 (4): 45 ~ 46.

[50] 戚颖敏. 我国煤矿火灾防治技术的现代发展与应用 [J]. 煤, 1999 (2): 1 ~ 3, 57.

[51] 施式亮, 等. 矿井自然发火计算机预报系统开发与实践 [J]. 淮南矿业学院学报, 1998 (4): 20 ~ 24.

[52] 施式亮, 刘宝琛. 基于人工神经网络的矿井自然发火预测模型及应用 [J]. 西安矿业学院学报, 1999 (2): 121 ~ 124.

[53] 王永湘. 利用指标气体预测预报煤矿自燃火灾 [J]. 煤矿安全, 2001 (6): 15 ~ 16.

[54] 肖达湘. 杨梅山煤矿采用气体分析法预报自然发火的作法 [J]. 湖南煤炭科技, 1994 (9): 16 ~ 17.

[55] 周延, 王省身. 指标气体分析法在煤炭自燃早期预报中的应用与发展 [C]. 矿井通风论文集, 2001: 176 ~ 179.

[56] Chandra D, Bherea P, Niyogi C. Coal Petrology and Systematics of Gondwana Coals in Realation to Spontaneous Combustion [J]. Birbal Sahni Centenary Nat. Symp. Gond. Giol. Mag, Spec. 1993: 262 ~ 274.

[57] 曾键年. 矿山安全与矿山环境保护 [M]. 北京: 地质出版社, 1998.

[58] 邓军. 煤自燃机理及预测理论研究进展 [J]. 辽宁工程技术大学学报, 2003 (8):

21～23.

[59] 许波云．煤炭自然发火危险性评价指标［J］．山东科技大学学报，2000（12）：46～49.

[60] 王洪德．用BP算法实现待开采煤层自然发火危险性预测［J］．辽宁工程技术大学学报，2002（6）：19～22.

[61] Demirbilek S，Sc B，Sc M. The Development of a Spontaneous Combustion Risk Classification System for Coal Seams［D］. Thesis Submitted to the University of Nottingham for the Degree of Doctor of Philosophy，1987：19～22.

[62] Singh R N，Shonhardt J A. Spontaneous Combustion Risk Management in Longwall Mining in New South Wales［D］. Mining Risk Management Conference，Sydney，NSW，September，2003：9～12.

[63] Singh R N，Denby B. A Knowledge-based System for Assessing Spontaneous Combustion Risk in Longwall Mining［J］. Australia Mining Science and Technology，1990（11）：45～54.

[64] By P，Mackenzie-Wood，Sc B（Hons）. Fire Gases and their Inter Pretation［J］. Australia：The Mining Engineer，1992（12）：56～59.

[65] Michaylov M. Expert System for Assessment of Risk from Spontaneous Combustion［D］. Mining and Mineral Processing，Sofia，2002：36～64.

[66] 邓军．国内外煤炭自然发火预测预报技术综述［J］．西安矿业学院学报，1999（12）：31～34.

[67] 王海燕．荆各庄煤矿自然发火规律的研究［D］．唐山：河北理工大学，2000：56.

[68] 张先尘，平寿康，王玉俊，等．采煤学［M］．北京：煤炭工业出版社，1981：98.

[69] 黄伯轩．采场通风与防火［M］．北京：煤炭工业出版社，1992：123.

[70] 陈立文．煤炭自然发火危险程度识别研究［J］．中国安全科学学报，1997（6）：36～39.

[71] 陈立文，孙宝铮．煤炭自然发火危险程度模式识别［J］．工业安全与防尘，1995（4）：46～49.

[72] 黄建功．煤矿生产技术与安全管理［M］．西安：西南交通大学出版社，2003：89.

[73] 黄元平．矿井通风［M］．徐州：中国矿业大学出版社，1997：169～239.

[74] 宋志，等．采场自然发火的预测和识别［J］．黑龙江矿业学院学报，1999（9）：45～49.

[75] 惠兰启．煤炭自然发火内在原因及最短发火期［J］．江西煤炭科技，1999（1）：42～45.

[76] 王海东．急倾斜煤层内巷道自然发火原因及对策［J］．矿业安全与环保，2003（6）：14～19.

[77] 王德明．基于无导师神经网络煤炭自燃危险性聚类分析［J］．煤炭学报，1999（4）：26～31.

[78] 秦庚仁，郭立稳．开滦矿区自然发火规律的研究鉴定材料［J］．河北理工学院，

2002：1～33.
[79] Gill F S，Sc B，Eng C，et al. Spontaneous Combustion in Coal Mines［D］. Senior Lecturer in the Faculty of Environment Science & Technology at the Polytechnic of the South Bank London，1997：59.
[80] Feng K，Chakravorty R，Cochrane T. Spontaneous Combustion Coal Mining Hazard［D］. The Canadian Mining and Metallurgical，Bulletin for October，1973：98.
[81] Dr. Banerjee S. A Theoretical Design to the Determination of Risk index of Spontaneous Fires in Coal Mines［J］. Journal of Mines，Metals & Fuels，August，1982.
[82] Harris L. The Use of Nitrogen to Control Pontantaneous Combustion Heatings［J］. The Australian Journal of Coal Mining Technology and Research，1983（3）：35～39.
[83] 东箭工作室. Visual Basic 5.0 中文版程序设计［M］. 北京：清华大学出版社，1997：1～251.
[84] 索永录，师幼安. 单因素有否决权的指标综合评判方法［J］. 黄金科学技术，1999（8）：23～26.
[85] 徐精彩. 煤炭自燃过程研究［J］. 煤炭工程师，1989（4）：65～68.
[86] 陈立文. 煤层自燃危险程度识别的研究［J］. 煤炭工程师，1992（5）：53～56.
[87] 许波云，范明训. 运用模糊聚类分析法综合预测煤层自燃危险性［J］. 煤炭学报，1990（4）：54～56.
[88] 王福成，陈宝智. 安全工程概论［M］. 北京：煤炭工业出版社，2002：48～49.
[89] 邓军，等. 忻州窑矿 8916 综放面采空区自燃性预测［J］. 西安矿业学院学报，1998（18）（增刊）：68.
[90] 朱长春. 建筑物抗震安全性评估专家系统［J］. 地震工程与工程震动，1997（6）：48～51.
[91] 黎家弟. 专家系统及其应用［J/OL］.［2004-06-07］. http：//www.chinaai.org/article_class.
[92] 王申康. 专家系统的结构和应用［M］. 杭州：浙江大学出版社，1994：56.
[93] 陈立文. 煤层自然发火危险程度判断的专家系统（CSBES）［J］. 工业安全与防尘，1995：4.
[94] 王云. 矿井火灾预防与处理［M］. 北京：煤炭工业出版社，1992：1～45.
[95] 陈家发. 专家系统 PROLOG 程序设计［M］. 广州：中山大学出版社，1992：56～59.
[96] Joseph Giarratan，等. 专家系统原理与编程［M］. 刘星成，汤庸译. 北京：机械工业出版社，2005：115～179.
[97] 许树柏. 层次分析法［M］. 天津：天津大学出版社，2001：23～24.
[98] 吴宗之，高进东. 危险评价方法及其应用［M］. 北京：冶金工业出版社，2003：96～99.
[99] 阎红灿. 计算机新技术 DIY［M］. 北京：冶金工业出版社，2003：16～27.

[100] 捷新工作室．Visual Basic6.0 高级编程［M］．北京：国防工业出版社，2003：77～102.
[101] 曹庆贵．煤矿安全评价与安全信息管理［M］．徐州：中国矿业大学出版社，1993：256.
[102] 张慧枫．煤矿用臭气检测器的研制［J］．煤炭技术，1995（1）：26～30.
[103] 崔洪义，王振平，王洪权．煤层自然发火早期预报技术与应用［J］．煤矿安全，2001（12）：61～63.
[104] 张广文，王旭．煤的自燃指标气体检测［J］．矿业安全与环保，2002（5）：7～8.
[105] 柯契塔 J M，路伟 V R，布其斯 D S. 美国煤的自燃倾向性［J］．采矿与保安，1982（4）：33～44.
[106] 刘璐，梅国栋．基于灰色关联分析的煤自然发火气体预报指标研究［J］．陕西煤炭，2008（1）：33～36.
[107] 魏引尚，王蓬．基于数理统计的采空区自燃特性研究［J］．安全与环境学报，2008（4）：721～724.
[108] 牛宝云，郭立稳，张嘉勇．煤层自然发火危险性综合评估［J］．河北理工学院学报，2006（3）：5～9.
[109] 郭立稳，王海燕，张复盛．荆各庄矿煤层自然发火规律的试验研究［J］．煤矿安全，2001（1）：39～41.
[110] 朱令起，周心权，谢建国，等．东欢坨煤矿自然发火标志气体的优化选择［J］．煤矿安全，2008（7）：5～8.
[111] 梁运涛．煤炭自然发火预测预报的气体指标法［J］．煤炭科学技术，2008（6）：3～5.
[112] 吕志强，孙占刚，刘立国．崔家寨井田煤层自然发火规律分析及对策［J］．煤矿安全，2008（3）：82～84.
[113] 王钦方．旗山煤矿煤层自然发火规律探讨［J/OL］．［2009-07-23］. http：//www.tech.lrn.cn/html/article_21668.html.
[114] Denis J, Pone N. The Spontaneous Combustion of Coal and its by Products in the Witbank and Sasolburg Coalfields of South Africa［J］. International Journal of Coal Geology, 2007（72）：124～140.
[115] 国家安全生产监督管理总局，国家煤矿安全监察局．煤矿安全规程 2009 版［M］．北京：煤炭工业出版社，2009.
[116] 王正辉，刘胜，刘佩．井下型自然发火预测预报监测系统的开发［J］．矿业安全与环保，2006（2）：21～23.
[117] 林雪峰，刘胜，李柏均．JSG－8 型井下煤自然发火预测预报监测系统原理及应用［J］．矿业安全与环保，2006（5）：46～47.
[118] 赵洪有．埋管取样测温法预测预报自然发火［J］．煤矿安全，2007（6）：34～36.
[119] 袭建才．计算机束管监测系统在矿井煤层自然发火预测预报中的应用［J］．工矿自

动化，2003（6）：34～36.

[120] 王正辉，刘胜，刘佩，等. JSG-8 型井下自然发火预测预报监测系统［D］. 重庆：煤炭科学研究总院重庆分院，2004.

[121] 刘爱华，蔡康旭. 煤自然发火预报的研究及软件的开发［J］. 煤炭学报，2007（7）：527～530.

[122] 张建民，等. 智能控制原理及应用［M］. 北京：冶金工业出版社，2003.

[123] 王立新. 模糊系统与模糊控制教程［M］. 王迎军译. 北京：清华大学出版社，2003.

[124] 孙增圻. 智能控制理论与技术［M］. 北京：清华大学出版社，1997.

[125] Zhang Y, Liu Z , Wang Y. A Three-dimensional Probabilistic Fuzzy Control System for Network Queue Management［J］. Journal of Control Theory and Applications, 2009（1）：29～34.

[126] Meng Z, Wang Y S, Zhou Y. Using Tailored RUP to Develop Management Information System of Spontaneous Combustion of Coal Seam［J］. Industry and Mine Automation, 2008（5）：107～110.

[127] Wei C , Xin S, Zou Y H. Coal Seam Spontaneous Combustion Prediction Based on General Regression Neural Network［C］. International Conference on Mine Hazards Prevention and Control. Qingdao, China: Mine Hazards Prevention and Control Technology Press, 2007.

[128] 朱大奇，史慧. 人工神经网络原理及应用［M］. 北京：科学出版社，2006.

[129] Sahu H B , Mahapatra S S , Panigrahi D C. An Empirical Approach for Classification of Coal Seams with Respect to the Spontaneous Heating Susceptibility of Indian Coals［J］. International Journal of Coal Geology, 2009（12）：175～180.

[130] Pone J D N, Hein K A A, Stracher G B. The Spontaneous Combustion of Coal and its by-Products in the Witbank and Sasolburg Coalfields of South Africa［J］. International Journal of Coal Geology, 2007（10）：124～140.

[131] Quintero J A, Candela S A, Ríos C A. Spontaneous Combustion of the Upper Paleocene Cerrejón Formation Coal and Generation of Clinker in La Guajira Peninsula (Caribbean Region of Colombia) International［J］. Journal of Coal Geology, 2009（11）：196～210.

[132] Qin B T, Sun Qing-guo, Wang D M. Analysis and Key Control Technologies to Prevent Spontaneous Coal Combustion Occurring at a Fully Mechanized Caving Face with Large Obliquity in Deep Mines［J］. Mining Science and Technology (China), 2009（7）：446～451.

[133] Zhao Y C, Zhang J Y, Chou C L. Trace Element Emissions From Spontaneous Combustion of Gob Piles in Coal Mines, Shanxi, China［J］. International Journal of Coal Geology, 2008（1）：52～62.

[134] Qin B T, Sun Qing-guo, Wang D M. The Characteristic of Explosion Under Mine Gas and

Spontaneous Combustion Coupling [J] . Procedia Earth and Planetary Science, 2009 (9): 186 ~ 192.

[135] Li Z X, Lu Z L, Wu Q. Numerical Simulation Study of Goaf Methane Drainage and Spontaneous Combustion Coupling [J] . Journal of China University of Mining and Technology, 2007 (12): 503 ~ 507.

[136] Martínez M, Márquez G, Alejandre F J. Geochemical Study of Products Associated with Spontaneous Oxidation of Coal in the Cerro Pelado Formation, Venezuela [J] . Journal of South American Earth Sciences, 2009 (2): 211 ~ 218.

[137] Olayinka I O, Randy J M. A Study of Spontaneous Combustion Characteristics of Nigerian Coals [J]. Fuel, 1991 (2): 258 ~ 261.

冶金工业出版社部分图书推荐

书　　名	作　者	定价(元)
抚顺煤矿瓦斯综合防治与利用	孙学会	50.00
煤炭分选加工技术丛书　煤泥浮选技术	黄　波	39.00
煤炭分选加工技术丛书　重力选煤技术	杨小平	39.00
煤炭分选加工技术丛书　选煤厂固液分离技术	金　雷	29.00
地下矿山安全知识问答	姜福川	35.00
厚煤层开采理论与技术	王家臣	56.00
新编矿业工程概论	唐敏康	59.00
安全科学及工程专业英语	唐敏康	36.00
矿井热环境及其控制	杨德源	89.00
软岩控制理论与应用	郭健卿	29.00
采场岩层控制论	何富连	25.00
动静组合加载下的岩石破坏特性	左宇军	22.00
探矿选矿中各元素分析测定	龙学祥	28.00
煤化学（第2版）	何选明	39.00
煤气安全知识300问	张天启	25.00
煤矿安全生产400问	姜　威	43.00
煤的综合利用基本知识问答	向英温	38.00
煤矿钻探工艺与安全	姚向荣 朱云辉	43.00
关闭小煤窑的经济学和社会学分析	陈卫洪	28.00
煤炭资源价格形成机制的政策体系研究	张华明	29.00
煤矿安全技术与管理	郭国政	29.00
煤矿生产仿真技术及在安全培训中的应用	黄力波	20.00